对接世界技能大赛技术标准创新系列教材

技工院校一体化课程教学改革数控加工专业教材

简单零件钳加工

人力资源社会保障部教材办公室　组织编写

中国劳动社会保障出版社

内容简介

本套教材为对接世赛标准深化一体化专业课程改革数控加工专业教材，对接世赛数控车、数控铣项目，学习目标融入世赛要求，学习内容对接世赛技能标准，考核评价方法参照世赛评分方案，并设置了世赛知识栏目。

本书主要内容包括：开瓶器的制作、錾口手锤的制作、对开夹板的制作等。

图书在版编目（CIP）数据

简单零件钳加工 / 人力资源社会保障部教材办公室组织编写 . -- 北京：中国劳动社会保障出版社，2020
对接世界技能大赛技术标准创新系列教材　技工院校一体化课程教学改革数控加工专业教材
ISBN 978-7-5167-4762-9

Ⅰ. ①简…　Ⅱ. ①人…　Ⅲ. ①钳工 – 技工学校 – 教材　Ⅳ. ①TG9

中国版本图书馆 CIP 数据核字（2020）第 248258 号

中国劳动社会保障出版社出版发行
（北京市惠新东街 1 号　邮政编码：100029）
*
北京市白帆印务有限公司印刷装订　　新华书店经销

880 毫米 ×1230 毫米　16 开本　8.5 印张　197 千字
2020 年 12 月第 1 版　　2025 年 5 月第 11 次印刷
定价：31.00 元

营销中心电话：400-606-6496
出版社网址：http://www.class.com.cn
http://jg.class.com.cn

对接世界技能大赛技术标准创新系列教材

编审委员会

主　任：张立新

副主任：张　斌　王晓君　刘新昌　冯　政

委　员：王　飞　翟　涛　杨　奕　张　伟　赵庆鹏　姜华平
杜庚星　王鸿飞

数控加工专业课程改革工作小组

课 改 校：江苏省常州技师学院　广东省机械技师学院
宁波技师学院　开封技师学院　襄阳技师学院
江苏省盐城技师学院　东莞技师学院　江门技师学院
西安技师学院　杭州技师学院　临沂技师学院

技术指导：宋放之

编　　辑：闫宪新

本书编审人员

主　　编：崔兆华　孙　俊

参　　编：王　蕾　孙喜兵　史永利　李椿方　唐大美　谢光伟

主　　审：逯　伟

序

世界技能大赛由世界技能组织每两年举办一届，是迄今全球地位最高、规模最大、影响力最广的职业技能竞赛，被誉为“世界技能奥林匹克”。我国于2010年加入世界技能组织，先后参加了五届世界技能大赛，累计取得36金、29银、20铜和58个优胜奖的优异成绩。第46届世界技能大赛将在我国上海举办。2019年9月，习近平总书记对我国选手在第45届世界技能大赛上取得佳绩作出重要指示，并强调，劳动者素质对一个国家、一个民族发展至关重要。技术工人队伍是支撑中国制造、中国创造的重要基础，对推动经济高质量发展具有重要作用。要健全技能人才培养、使用、评价、激励制度，大力发展技工教育，大规模开展职业技能培训，加快培养大批高素质劳动者和技术技能人才。要在全社会弘扬精益求精的工匠精神，激励广大青年走技能成才、技能报国之路。

为充分借鉴世界技能大赛先进理念、技术标准和评价体系，突出“高、精、尖、缺”导向，促进技工教育与世界先进标准接轨，完善我国技能人才培养模式，全面提升技能人才培养质量，人力资源社会保障部于2019年4月启动了世界技能大赛成果转化工作。根据成果转化工作方案，成立了由世界技能大赛中国集训基地、一体化课改学校，以及竞赛项目中国技术指导专家、企业专家、出版集团资深编辑组成的对接世界技能大赛技术标准深化专业课程改革工作小组，按照创新开发新专业、升级改造传统专业、深化一体化专业课程改革三种对接转化原则，以专业培养目标对接职业描述、专业课程对接世界技能标准、课程考核与评价对接评分方案等多种操作模式和路径，同时融入健康与安全、绿色与环保及可持续发展理念，开发与世界技能大赛项目对接的专业人才培养方案、教材及配套教学资源。首批对接 19 个世界技能大赛项目共 12 个专业的成果将于 2020—2021 年陆续出版，主要用于技工院校日常专业教学工作中，充分发挥世界技能大赛成果转化对技工院校技能人才的引领示范作用。在总结经验及调研的基础上选择新的对接项目，陆续启动第二批等世界技能大赛成果转化工作。

希望全国技工院校将对接世界技能大赛技术标准创新系列教材，作为深化专业课程建设、创新人才培养模式、提高人才培养质量的重要抓手，进一步推动教学改革，坚持高端引领，促进内涵发展，提升办学质量，为加快培养高水平的技能人才作出新的更大贡献！

2020年11月

《简单零件钳加工》二维码资源列表

序号	资源名称	位置		
		微课		
1	开瓶器的制作	学习任务一	学习任务描述	2 页
2	錾口手锤的制作	学习任务二	学习任务描述	56 页
3	对开夹板的制作	学习任务三	学习任务描述	94 页
		操作视频		
1	台虎钳的操作	学习任务一	学习活动 2	19 页
2	平面划线	学习任务一	学习活动 3	25 页
3	立体划线	学习任务一	学习活动 3	25 页
4	锯条的安装方法	学习任务一	学习活动 3	28 页
5	锯削的姿势及动作	学习任务一	学习活动 3	29 页
6	起锯方法	学习任务一	学习活动 3	29 页
7	板料的锯削方法	学习任务一	学习活动 3	30 页
8	麻花钻的装夹	学习任务一	学习活动 3	32 页
9	錾子的刃磨方法	学习任务一	学习活动 3	35 页
10	錾削姿势	学习任务一	学习活动 3	35 页
11	锤子的使用方法	学习任务一	学习活动 3	36 页
12	锉刀柄的装拆	学习任务一	学习活动 3	36 页
13	锉刀的握法	学习任务一	学习活动 3	37 页
14	外圆弧面的锉削	学习任务一	学习活动 3	38 页
15	内圆弧面的锉削	学习任务一	学习活动 3	38 页
16	游标卡尺的使用	学习任务一	学习活动 3	39 页
17	平面锉削方法	学习任务二	学习活动 2	68 页
18	千分尺的使用	学习任务二	学习活动 2	73 页
19	表面粗糙度比较样块的使用	学习任务二	学习活动 2	75 页
20	麻花钻的刃磨	学习任务三	学习活动 3	111 页
		演示动画		
1	台虎钳的结构与工作原理	学习任务一	学习活动 2	19 页
2	台式钻床的结构与工作原理	学习任务一	学习活动 3	32 页
3	游标卡尺的结构与工作原理	学习任务一	学习活动 3	39 页

续表

序号	资源名称	位置		
4	半径规的结构与工作原理	学习任务一	学习活动 3	40 页
5	开瓶器的划线	学习任务一	学习活动 4	43 页
6	外径千分尺的结构与工作原理	学习任务二	学习活动 2	72 页
7	錾口手锤的划线	学习任务二	学习活动 3	80 页
8	麻花钻顶角的检测	学习任务三	学习活动 3	111 页
9	活扳手的结构与工作原理	学习任务三	学习活动 3	114 页
10	螺栓连接	学习任务三	学习活动 3	114 页
知识链接				
1	钳工安全文明生产知识	学习任务一	学习活动 2	17 页
2	砂轮机安全使用注意事项	学习任务一	学习活动 2	21 页
3	钻床及其使用安全要求	学习任务一	学习活动 2	22 页
4	划线基准的选择	学习任务一	学习活动 3	26 页
5	划线时的找正	学习任务一	学习活动 3	26 页
6	划线时的借料	学习任务一	学习活动 3	27 页
7	划线的操作步骤	学习任务一	学习活动 3	27 页
8	锯弓运动	学习任务一	学习活动 3	30 页
9	麻花钻	学习任务一	学习活动 3	31 页
10	錾削角度	学习任务一	学习活动 3	34 页
11	錾子的刃磨与热处理	学习任务一	学习活动 3	35 页
12	锉刀的规格	学习任务一	学习活动 3	37 页
13	游标卡尺的标记原理与示值读数方法	学习任务一	学习活动 3	39 页
14	平面锉削	学习任务二	学习活动 2	68 页
15	攻螺纹前底孔直径和孔深的确定	学习任务二	学习活动 2	71 页
16	攻螺纹的操作要点	学习任务二	学习活动 2	71 页
17	钢的常用整体热处理方法	学习任务二	学习活动 2	71 页
18	外径千分尺的标记原理与示值读数方法	学习任务二	学习活动 2	73 页
19	标准麻花钻的修磨	学习任务三	学习活动 3	111 页

目　　录

学习任务一　开瓶器的制作

学习目标

1. 能在班组长等相关人员指导下，正确阅读生产任务单，读懂开瓶器零件图，明确生产任务和工作要求。

2. 能了解钳工车间和工作区的范围和限制，理解企业在环境、安全、卫生等方面的标准。

3. 能与技术人员、生产主管进行专业沟通，了解钳工常用设备、工具的名称和功能。

4. 能通过查阅钳工相关教材或观看钳工操作视频，了解钳工工作特点和主要工作任务。

5. 能识别钳工工作环境中的各种安全标志的含义，严格遵守安全操作规程，规范穿戴工装和劳动防护用品。

6. 能查阅钳加工工艺知识，确定开瓶器加工流程，编制工件加工工艺卡。

7. 能正确准备加工开瓶器所用工具、量具、刃具、夹具和辅具。

8. 能在板料上划出开瓶器加工界线。

9. 能正确使用台虎钳装夹工件。

10. 能正确使用台式钻床、手锯去除工件余料。

11. 能正确选用锉刀加工不同轮廓。

12. 能规范使用游标卡尺、圆弧样板等量具。

13. 能依据工艺卡完成零件的加工。

14. 能对台虎钳、手锯、锉刀、台式钻床进行维护保养，按现场6S管理的要求清理现场。

15. 能总结工作经验，优化加工策略。

16. 能在作业过程中严格执行企业操作规范、安全生产制度、环保管理制度以及6S管理规定，严格遵守从业人员的职业道德，具有吃苦耐劳、爱岗敬业的工作态度和职业责任感。

建议学时

40学时。

工作情境描述

公司餐厅需要制作如图 1-1 所示开瓶器，数量为 30 件，毛坯为 130 mm×50 mm×2 mm 板料，材料为 Q235。生产技术部将该项生产任务安排给钳工组，开瓶器表面要求光洁、美观，无毛刺。观看微课，了解学习任务内容。

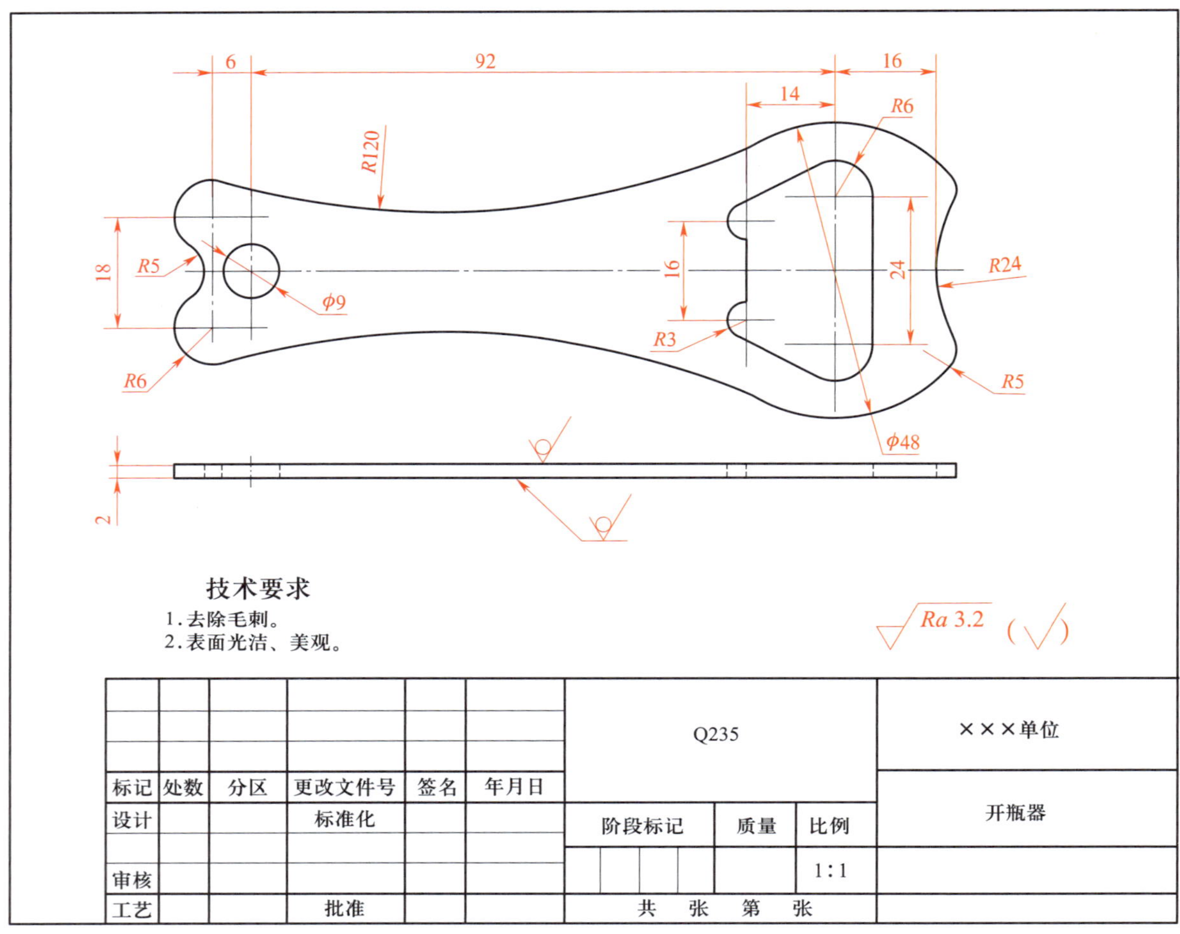

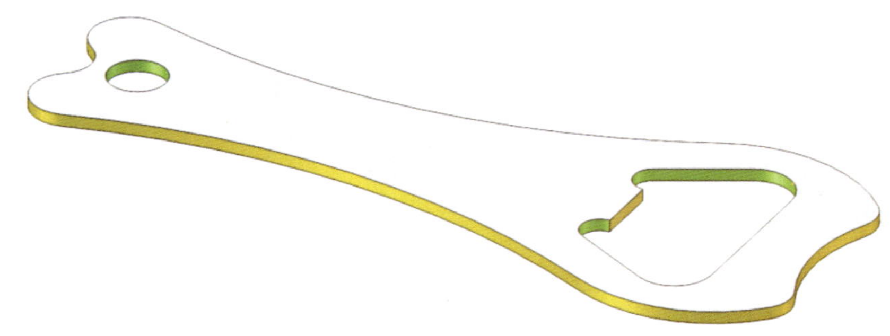

图 1-1 开瓶器

工作流程与活动

1．接受工作任务（4 学时）

2．钳加工的认知（4 学时）

3．确定加工步骤和方法（16 学时）

4．制作开瓶器并检验（12 学时）

5．工作总结与评价（4 学时）

- 学习任务一 开瓶器的制作
  - 学习活动1 接受工作任务
    - 阅读生产任务单
    - 识别材料的牌号、性能及用途
    - 识读开瓶器零件图
      - 图框、标题栏、线型
      - 定位尺寸、定形尺寸
      - 圆弧的绘制
    - 绘制开瓶器零件图
  - 学习活动2 钳加工的认知
    - 认识钳工
      - 钳工的定义
      - 钳工的基本操作内容
    - 熟悉钳工工作环境和常用设备
      - 参观钳工车间的布置
      - 熟悉钳工常用工具
      - 熟悉钳工常用量具
      - 熟悉钳工常用设备
    - 钳工安全文明生产要求
  - 学习活动3 确定加工步骤和方法
    - 阅读加工工艺过程卡
    - 划线
      - 划线的定义及作用
      - 划线的种类
        - 平面划线
        - 立体划线
      - 划线的基准
      - 找正与借料
      - 划线的操作步骤
    - 锯削
      - 锯削的概念
      - 手锯
        - 锯齿规格
        - 锯条的安装
      - 工件的装夹
      - 锯削操作
        - 站立姿势
        - 起锯
        - 锯削运动
    - 钻孔
      - 钻孔的概念
      - 麻花钻的结构
      - 台式钻床结构
      - 钻床使用安全注意事项
    - 錾削
      - 錾削的概念
      - 錾削工具及其应用
      - 錾削角度
      - 錾子的刃磨与热处理
      - 錾削姿势
    - 锉削
      - 锉削的概念
      - 锉刀结构、种类、规格及其握法
      - 锉削动作
      - 内外圆弧面的锉削
    - 检测
      - 游标卡尺工作原理及其应用
      - 半径规及其应用
  - 学习活动4 制作开瓶器并检验
    - 加工准备
      - 熟悉工作环境
      - 领取工、量具
      - 领取毛坯
    - 加工过程
      - 划线
      - 去除余料
        - 锯削
        - 钻孔
        - 錾削
        - 锉削
    - 检测
      - 应用游标卡尺测量长度尺寸
      - 应用半径规测量圆弧
    - 按6S要求，清理现场，归置物品
  - 学习活动5 工作总结与评价
    - 作品展示
    - 学习总结

学习活动 1　接受工作任务

学习目标

1. 能在班组长等相关人员指导下，正确阅读生产任务单，读懂开瓶器零件图，明确生产任务和工作要求。

2. 能与班组长等相关人员进行交流，了解机械制造的主要职业（工种）。

3. 能借助技术手册，查阅开瓶器的材料牌号、制图标准和几何公差等知识，理解技术手册在生产中的重要性。

4. 能识读开瓶器零件图，描述开瓶器的形状、尺寸、表面粗糙度、公差、材料等信息，指出各信息的意义。

建议学时：4 学时。

学习过程

一、阅读生产任务单（表 1–1）

表 1–1　开瓶器生产任务单

单　　号：			开单时间：　　　年　　月　　日　　时	
开单部门：			开 单 人：	
接 单 人：　　　　部　　　　组			签　　名：	
以下由开单人填写				
序号	产品名称	材料	数量	技术标准、质量要求
1	开瓶器	Q235	30	按图样要求
2				
3				
4				

续表

<table>
<tr><td>任务细则</td><td colspan="3">1. 到仓库领取相应的材料
2. 根据现场情况选用合适的工、量具和设备
3. 根据加工工艺进行加工，交付检验
4. 填写生产任务单，清理工作场地，完成工、量具和设备的维护保养</td></tr>
<tr><td>任务类型</td><td>☑钳加工</td><td>完成工时</td><td>40 h</td></tr>
<tr><td colspan="4">以下由开单人填写</td></tr>
<tr><td>领取材料</td><td></td><td colspan="2" rowspan="2">仓库管理员（签名）
年　月　日</td></tr>
<tr><td>领取工、量具</td><td></td></tr>
<tr><td>完成质量
（小组评价）</td><td></td><td colspan="2">班组长（签名）
年　月　日</td></tr>
<tr><td>用户意见
（教师评价）</td><td></td><td colspan="2">用户（签名）
年　月　日</td></tr>
<tr><td>改进措施
（反馈改良）</td><td colspan="3"></td></tr>
</table>

注：生产任务单与零件图样、工艺卡一起领取。

1．在班组长等相关人员指导下，阅读生产任务单，将零件名称、制作材料、零件数量和完成时间填入表 1–2 中。

表 1–2　生产任务

零件名称		制作材料	
零件数量		完成时间	

2．按照被加工金属在加工时的状态不同，机械制造通常分为热加工和冷加工两大类。每一类加工可按从事工作的特点分为不同的职业（工种）。与班组长等相关人员进行交流，了解机械制造的主要职业（工种）有哪些，各有何特点。

3．开瓶器由哪个生产班组进行加工?

二、了解开瓶器所用材料的牌号、性能及用途

由表 1–1 生产任务单可知制作开瓶器的材料牌号为 Q235。与班组长交流并查询技术手册，回答下列问题。

1．Q235 是一种常见的金属材料，属于碳素结构钢，字母 Q 表示什么含义? 数字 235 表示什么含义? 该类金属具有哪些特性和用途?

2．机械零件或工具在使用过程中往往要受到各种形式外力的作用，这就要求金属材料必须具有一种承受机械载荷而不超过许可变形或不被破坏的能力，这种能力就是材料的力学性能。在金属材料领域，常用哪些性能指标来衡量材料的力学性能呢?

3．Q235 的力学性能如何? 能满足开瓶器需要的性能要求吗?

4．碳素结构钢的牌号是由哪几部分组成的?

三、分析零件图样，明确加工尺寸要求

与班组长交流并查阅机械制图教材，回答下列问题。

1.《技术制图　图纸幅面和格式》(GB/T 14689—2008) 规定了 A0、A1、A2、A3、A4 五种基本幅面。查阅标准，弄清五种基本幅面的幅面尺寸和周边尺寸。根据开瓶器尺寸，应选择哪种幅面绘制开瓶器零件图？

2. 图 1-1 右下角的表格在机械制图中称为标题栏，标题栏表达了哪些内容？

3. 在绘制开瓶器零件图时，采用了粗实线、细实线、细点画线等线型，它们分别用于表达什么信息？

4. 仔细识读开瓶器零件图，图中定位尺寸有哪些？定形尺寸有哪些？

5. 图 1-1 所示图样左侧 $R5$ mm 圆弧与 $R6$ mm 圆弧是什么关系？绘图时先绘制 $R5$ mm 圆弧还是 $R6$ mm 圆弧？

6．图 1-1 所示图样右侧 $R5$ mm 圆弧与 $\phi 48$ mm 圆是什么关系？ $R5$ mm 圆弧与 $R24$ mm 圆弧是什么关系？如何绘制 $R5$ mm 圆弧？

7．如何绘制图 1-1 所示图样中的 $R120$ mm 圆弧？

8．按照原图抄画开瓶器零件图。（可附图纸，粘贴于此）

学习活动 2　钳加工的认知

学习目标

1. 能在班组长等专业技术人员的指导下，参观钳工车间，了解企业钳工车间和工作区的范围和限制，了解企业对安全生产事故隐患的预防措施。

2. 能与技术人员、生产主管进行专业沟通，了解钳工常用设备、工具的名称和功能。

3. 能查阅钳工相关教材或观看钳工操作视频，了解钳工工作特点和主要工作任务。

4. 能严格遵守安全操作规程，规范穿戴工装和劳动防护用品。

建议学时：4 学时。

学习过程

一、认识钳工

1．咨询班组长等专业技术人员或查阅资料，弄清钳工的定义。

2．咨询班组长等专业技术人员或查阅资料，了解钳工的基本操作技能。

3．咨询班组长等专业技术人员或查阅资料，识别表 1–3 所列举的钳工操作内容，并简要介绍各项操作。

表 1–3　钳工基本操作内容

序号	图示	操作内容	操作简介
1	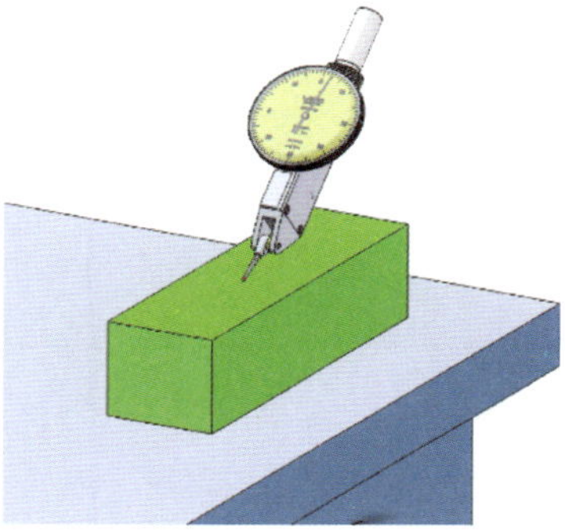		
2	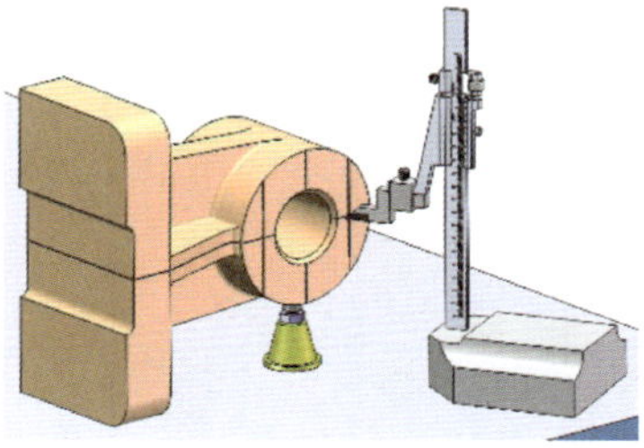		
3	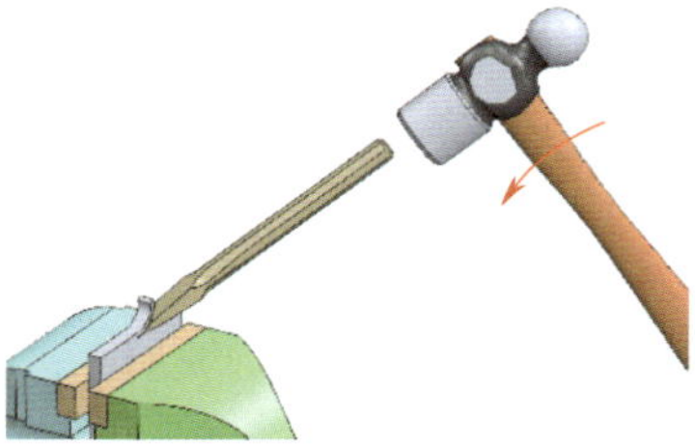		
4	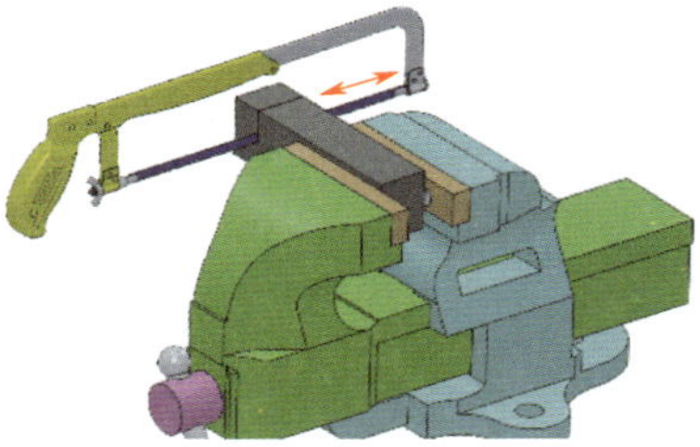		
5	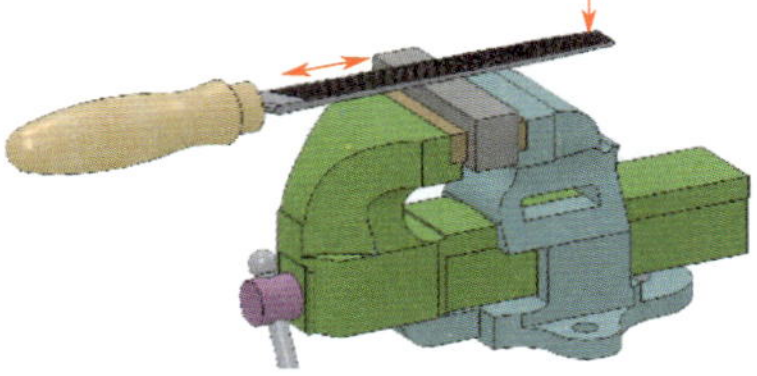		

续表

序号	图示	操作内容	操作简介
6	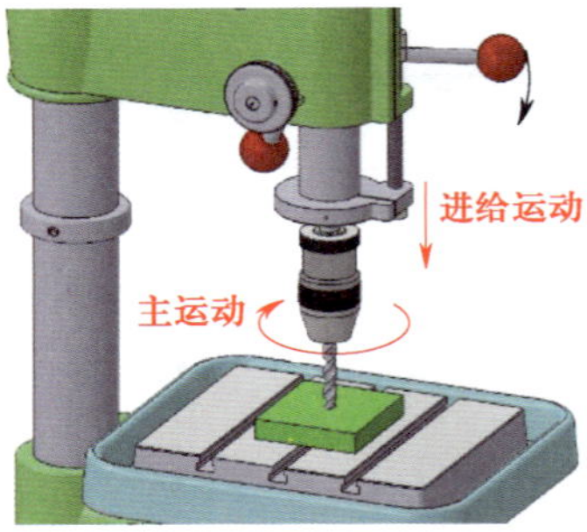 进给运动 主运动		
7	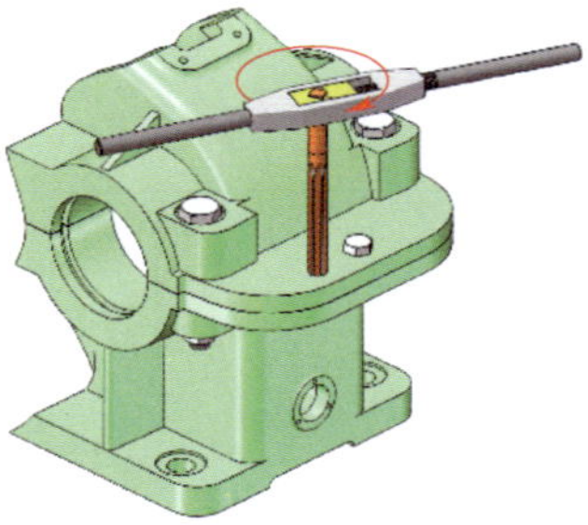		
8	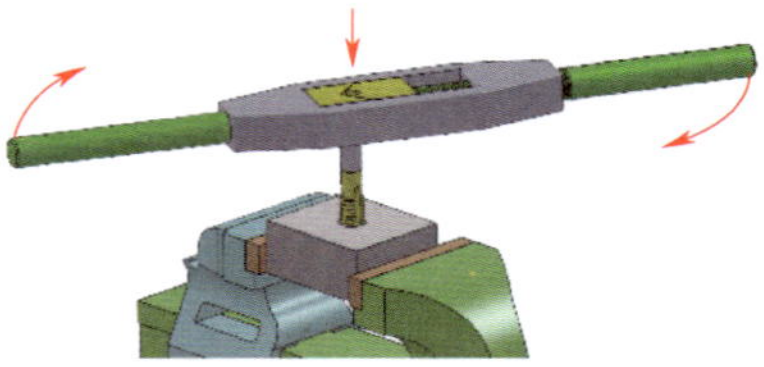		
9			
10	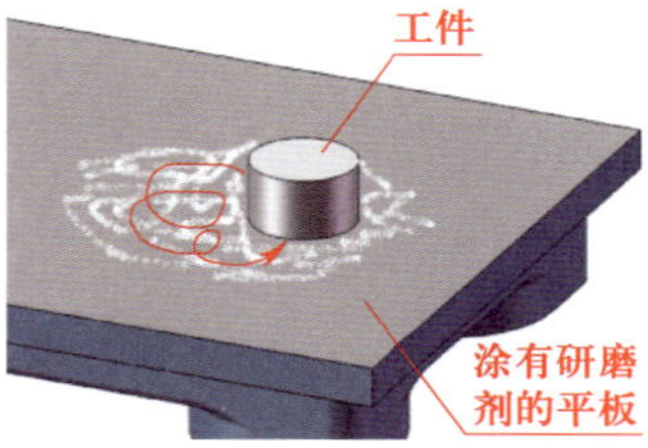 工件 涂有研磨剂的平板		

二、熟悉钳工工作环境

1．查阅资料或咨询现场工作人员，了解企业钳工车间配备的各类设备的用途。

2．参观钳工车间或观看钳工视频，或与钳工师傅进行有效沟通、咨询，识别表 1–4 中的钳工常用工具。

表 1–4　钳工常用工具

图示	工具名称	用途
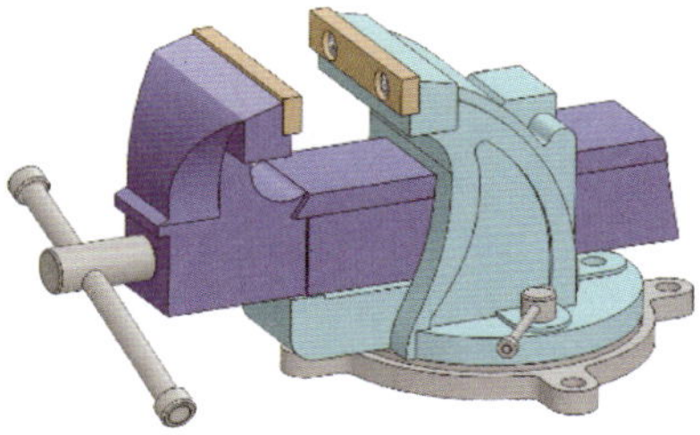		
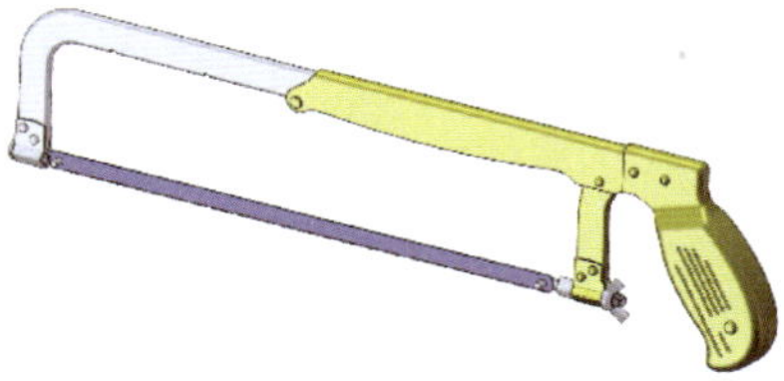		
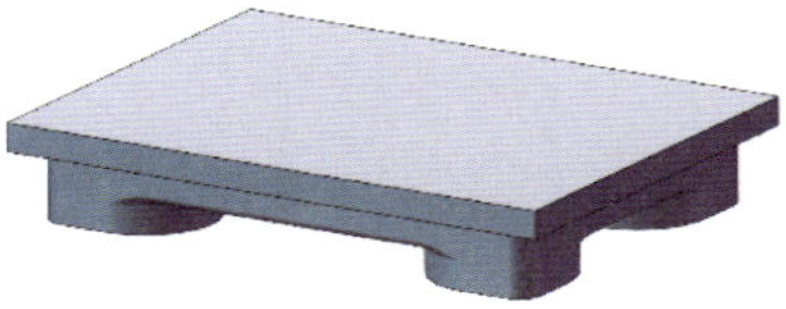		
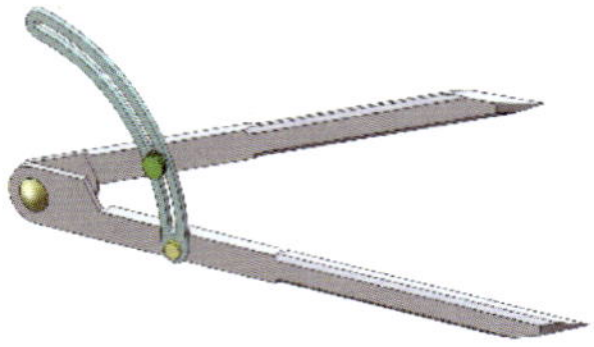		

续表

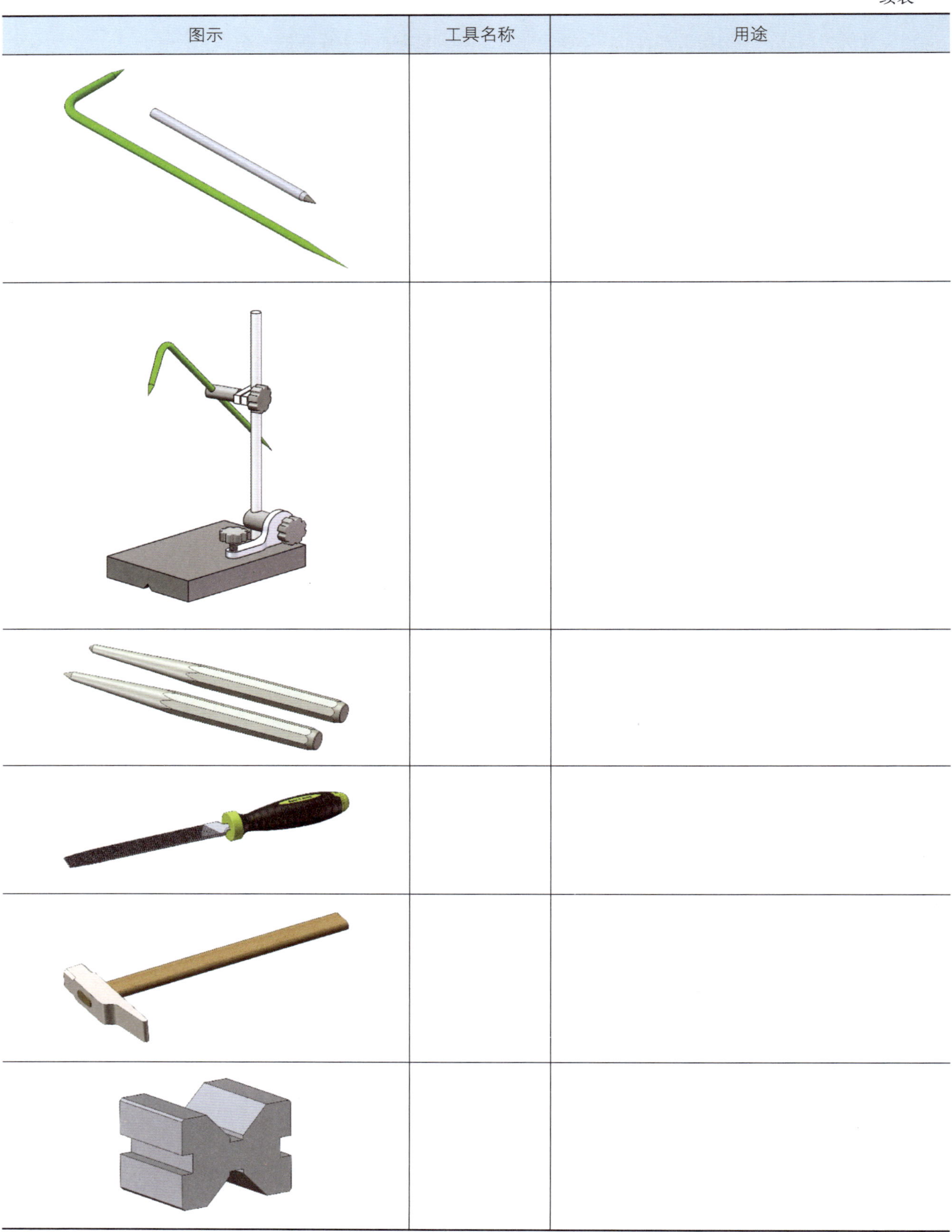

图示	工具名称	用途

续表

图示	工具名称	用途
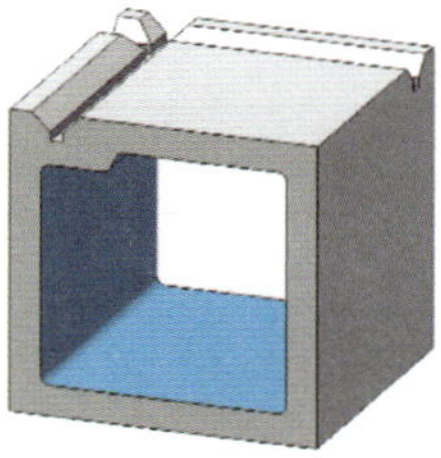		
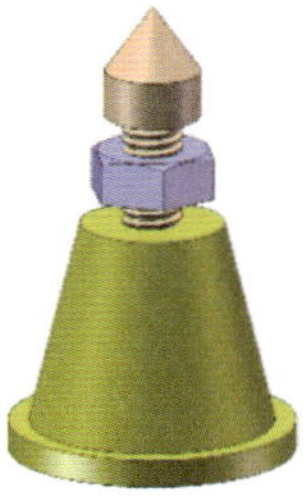		
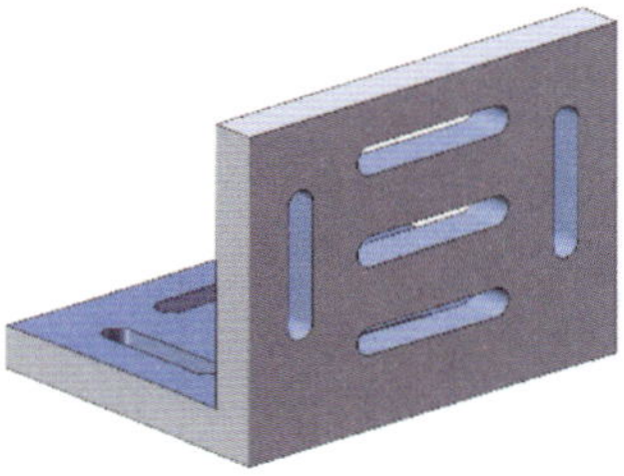		
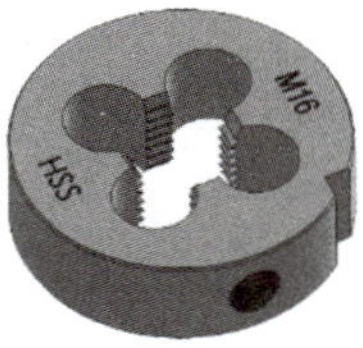		
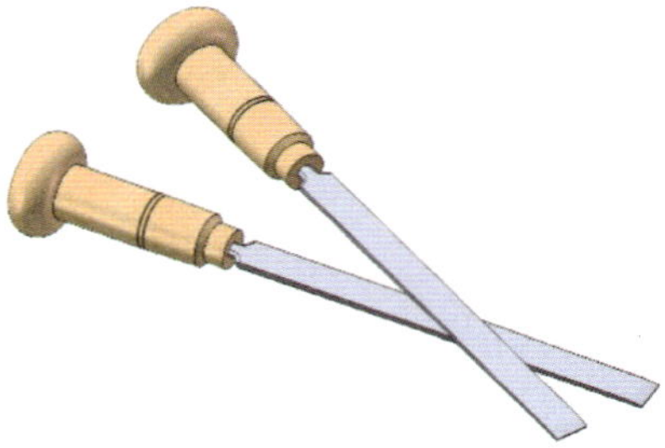		
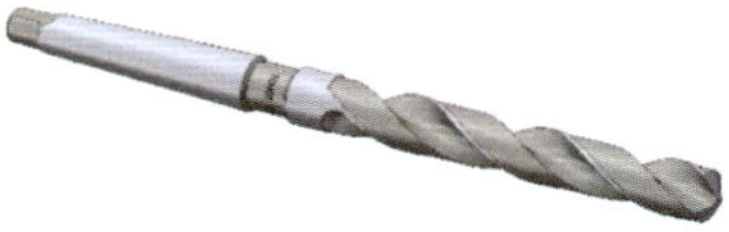		

3．量具是指可以对物体的某些性质（如尺寸、形状、位置等）进行测量的计量工具。钳工车间配备了多种量具，咨询班组长等专业技术人员或查询资料，识别表 1–5 中所列量具。

表 1–5 量具的名称及用途

图示	量具名称	用途
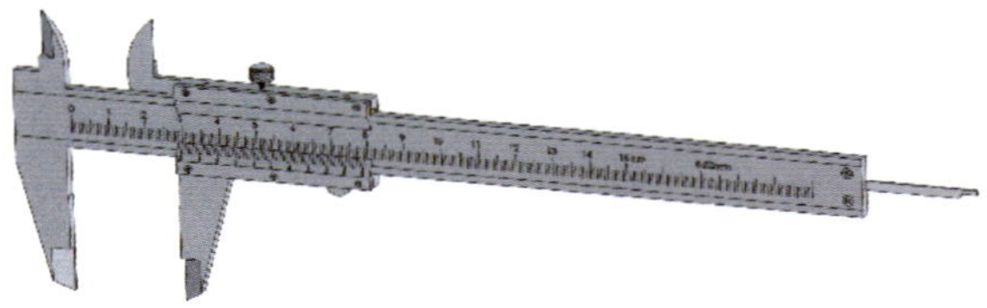		
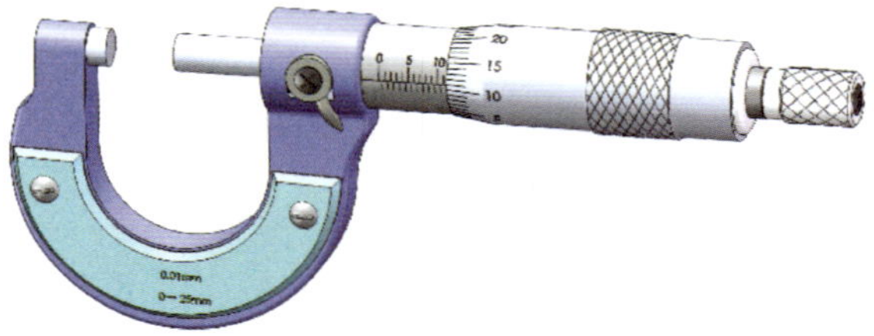		
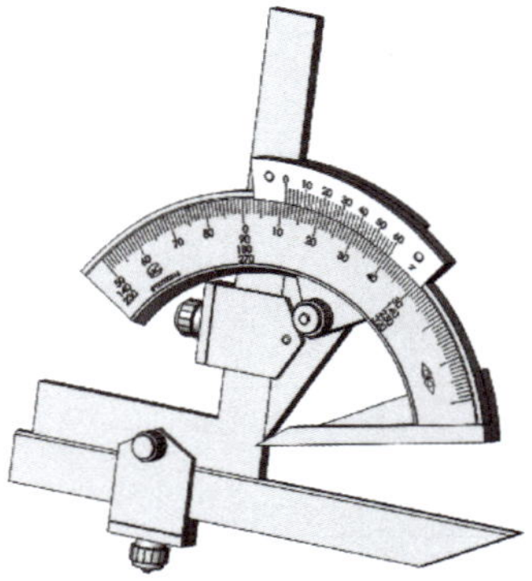		
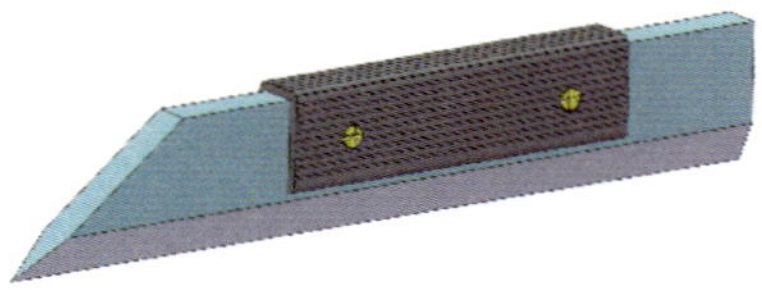		
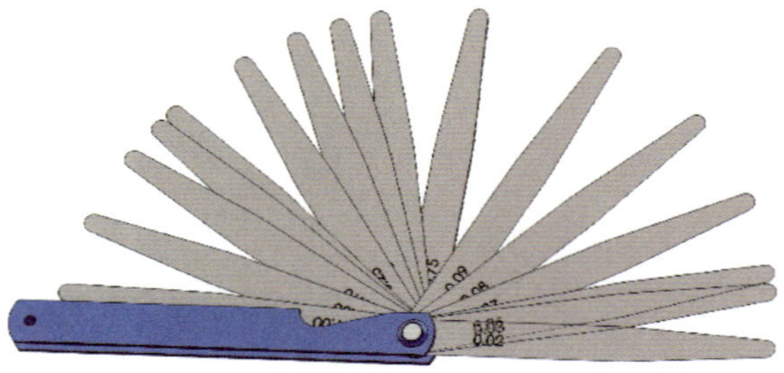		

续表

图示	量具名称	用途

4．企业钳工安全文明生产要求

遵守劳动纪律，执行安全技术操作规程，严格按工艺要求操作是保证产品质量的重要前提。作为一名钳工，要不断增强“安全第一，预防为主”的意识。阅读知识链接，并回答下列问题。

（1）钳工操作对劳动防护用品有哪些要求?

（2）钳工操作是否允许擅自使用不熟悉的设备、工具和量具?

（3）使用机床及电动工具要注意哪些事项?

（4）钳工操作时对工、夹、量具的摆放有何要求?

（5）钳工操作时对毛坯和半成品的摆放有何要求?

（6）钳工操作时对清除切屑有何要求?

（7）钳工操作时对工作场地有何要求?

三、熟悉钳工常用设备

1．台虎钳

台虎钳是用来夹持工件进行加工的必备设备，如图 1-2 所示。仔细观察钳工车间所配台虎钳，并观看台虎钳的结构与工作原理演示动画及台虎钳的操作视频，回答下列问题。

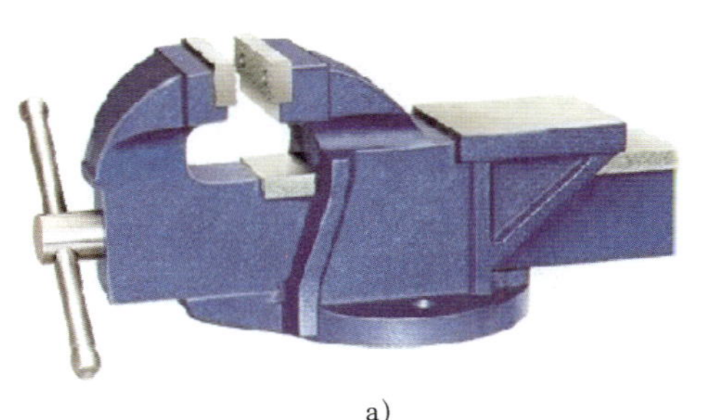
a)

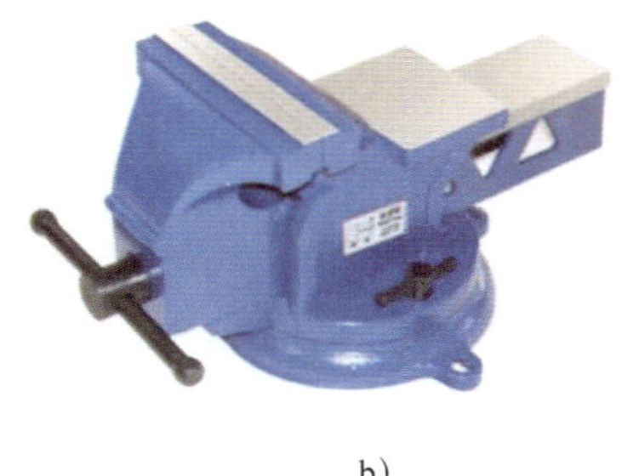
b)

图 1-2　台虎钳

a）固定式　b）回转式

（1）钳工车间配备几类台虎钳？它们各由哪些零部件组成？

（2）台虎钳的规格是用什么表示的？常用的规格有哪些？

（3）顺时针转动台虎钳手柄，观察台虎钳活动钳口的移动方向，判别此操作是夹紧工件还是松开工件。

（4）查看台虎钳安全使用注意事项，抄写并熟记。

2．钳台

钳台也叫钳桌，如图 1–3 所示。钳台用于安装台虎钳、放置工具和工件等。

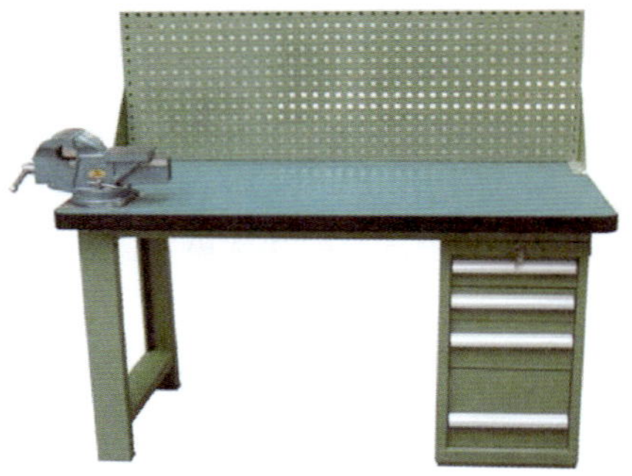

图 1–3　钳台

（1）仔细观察钳工车间所配钳台，其上安装了哪些设备？估测钳台的高度。

（2）查看钳台安全使用注意事项，抄写并熟记。

3．砂轮机

砂轮机（图 1–4）主要用来刃磨錾子、钻头、刮刀或其他工具，也可用来磨去工件或材料上的毛刺、锐边、氧化皮等。

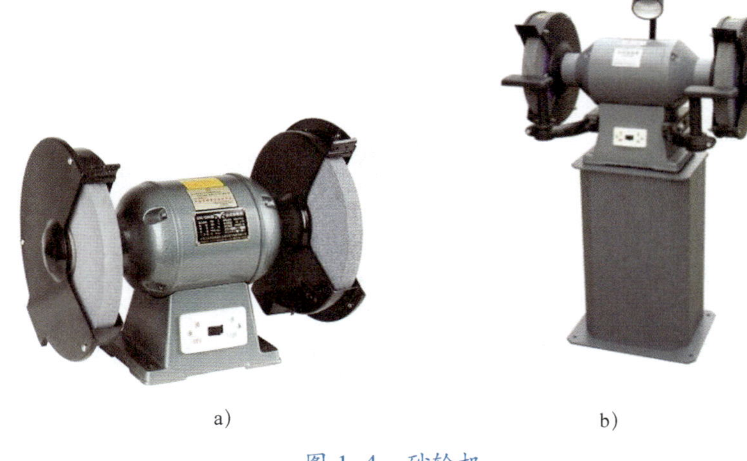

a)　　b)

图 1–4　砂轮机

a）台式　b）立式

（1）观察钳工车间所配砂轮机，查看铭牌，记录其型号。

（2）阅读知识链接，抄写并熟记砂轮机安全使用注意事项。

4．钻床

钻床是用来对工件进行孔加工的设备，可分为台式钻床、立式钻床和摇臂钻床等，如图 1–5 所示。

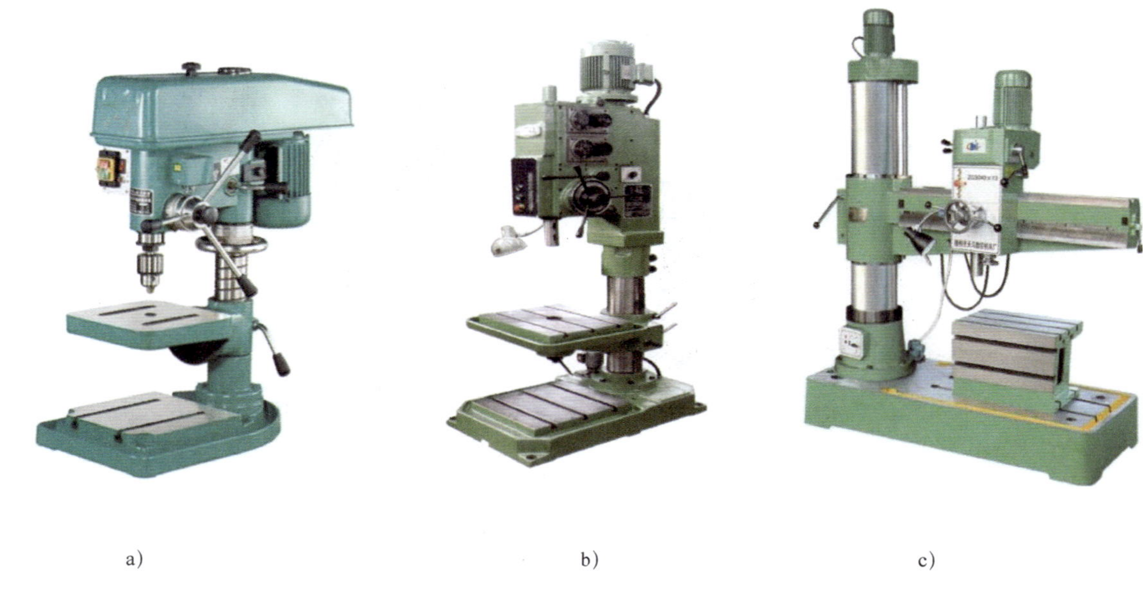

a)　　b)　　c)

图 1–5　钻床

a）台式钻床　b）立式钻床　c）摇臂钻床

（1）观察钳工车间所配钻床，查看铭牌，记录其型号。

（2）阅读知识链接，了解钻床的基本知识，抄写并熟记钻床使用安全要求。

学习活动 3　确定加工步骤和方法

学习目标

1. 能正确识读开瓶器加工工艺过程卡，明确开瓶器加工步骤。

2. 能理解生产过程的概念，了解生产过程的内容。

3. 能理解工序的概念，掌握工序划分的依据。

4. 能理解划线的概念，掌握划线的用途、方法及步骤。

5. 能理解锯削的概念及其用途，正确安装锯条，并掌握锯削方法。

6. 能理解钻孔的概念，掌握麻花钻的结构，并能应用钻床完成钻孔加工。

7. 能理解錾削的概念，掌握錾子的种类及用途。

8. 能理解锉削的概念，掌握锉刀的种类、规格及使用特点。

9. 能掌握锉削的动作要领和锉削注意事项。

10. 能正确掌握圆弧面的锉削方法。

11. 能规范应用游标卡尺检测工件的长度尺寸。

建议学时：16 学时。

学习过程

一、阅读加工工艺过程卡

阅读开瓶器加工工艺过程卡（表 1–6），查阅技术手册中有关加工工艺知识，回答下列问题。

表 1-6　　开瓶器加工工艺过程卡

<table>
<tr><td rowspan="2">机械加工工艺过程卡</td><td>产品型号</td><td colspan="3"></td><td colspan="2">零（部）件图号</td><td colspan="5"></td></tr>
<tr><td>产品名称</td><td colspan="3"></td><td colspan="2">零（部）件名称</td><td colspan="2">开瓶器</td><td colspan="2">共　页</td><td>第　页</td></tr>
<tr><td>材料牌号</td><td>Q235</td><td>毛坯种类</td><td>型材</td><td>毛坯外形尺寸</td><td>130 mm × 50 mm × 2 mm</td><td>每件毛坯可制件数</td><td>1</td><td>每台件数</td><td></td><td>备注</td><td></td></tr>
</table>

<table>
<tr><th rowspan="2">工序号</th><th rowspan="2">工序名称</th><th rowspan="2">工序内容</th><th rowspan="2">车间</th><th rowspan="2">工段</th><th rowspan="2">设备</th><th rowspan="2">工艺装备</th><th colspan="2">工时</th></tr>
<tr><th>单件</th><th>最终</th></tr>
<tr><td>1</td><td>划线</td><td>划出开瓶器零件轮廓线及锯削加工线</td><td>钳加工</td><td></td><td>划线平台</td><td>划针、划规、钢直尺、游标卡尺、样冲</td><td></td><td></td></tr>
<tr><td>2</td><td>锯削</td><td>沿锯削加工线锯削多余边料</td><td>钳加工</td><td></td><td>台虎钳</td><td>手锯</td><td></td><td></td></tr>
<tr><td>3</td><td>钻孔</td><td>钻 $\phi 9$ mm、$R3$ mm、$R6$ mm 共 5 个轮廓孔，钻工艺孔</td><td>钳加工</td><td></td><td>台式钻床</td><td>$\phi 9$ mm、$\phi 6$ mm、$\phi 12$ mm 及 $\phi 3$ mm 麻花钻</td><td></td><td></td></tr>
<tr><td>4</td><td>錾削</td><td>錾掉内轮廓余料</td><td>钳加工</td><td></td><td>台虎钳</td><td>锤子、扁錾</td><td></td><td></td></tr>
<tr><td>5</td><td>锉削</td><td>锉外形轮廓和内轮廓</td><td>钳加工</td><td></td><td>台虎钳</td><td>平锉、半圆锉、圆锉、钢直尺、游标卡尺、圆弧样板</td><td></td><td></td></tr>
<tr><td>6</td><td>检验</td><td>按图样尺寸进行检验</td><td>检验室</td><td></td><td></td><td>钢直尺、游标卡尺、圆弧样板</td><td></td><td></td></tr>
</table>

<table>
<tr><td></td><td></td><td></td><td></td><td></td><td></td><td></td><td></td><td></td><td></td><td rowspan="2">设计（日期）</td><td rowspan="2">审核（日期）</td><td rowspan="2">标准化（日期）</td><td rowspan="2">会签（日期）</td></tr>
<tr><td></td><td></td><td></td><td></td><td></td><td></td><td></td><td></td><td></td><td></td></tr>
<tr><td>标记</td><td>处数</td><td>更改文件号</td><td>签字</td><td>日期</td><td>标记</td><td>处数</td><td>更改文件号</td><td>签字</td><td>日期</td><td></td><td></td><td></td><td></td></tr>
</table>

1．什么是生产过程？对机械制造而言，生产过程一般包括哪些内容？

2．什么是机械加工工艺过程卡？它主要包括哪些内容？

3. 什么是工序？划分工序的依据是什么？

4. 识读开瓶器加工工艺过程卡（表 1-6），制作开瓶器需要经过哪几个工序？各工序主要应用哪些工具？

二、划线

观看钳工操作视频，查阅钳工相关教材，并咨询现场主管，回答有关划线知识与技能的问题。

1. 什么是划线？划线有什么作用？

2. 图 1-6 所示为划线的两种方式，查阅资料，并观看操作视频，说明两和划线方式的特点，指明开瓶器划线属于哪一种。

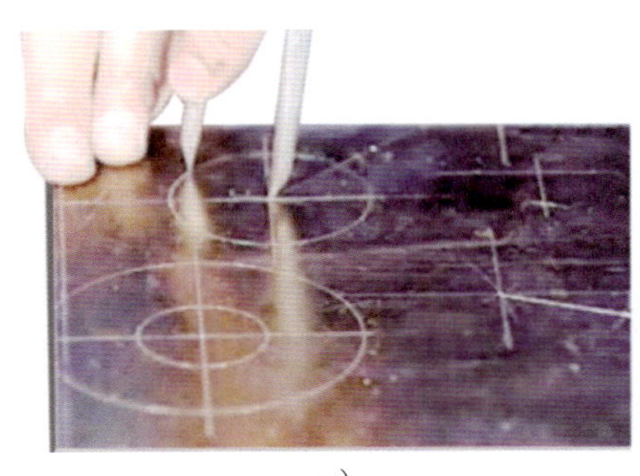

a)

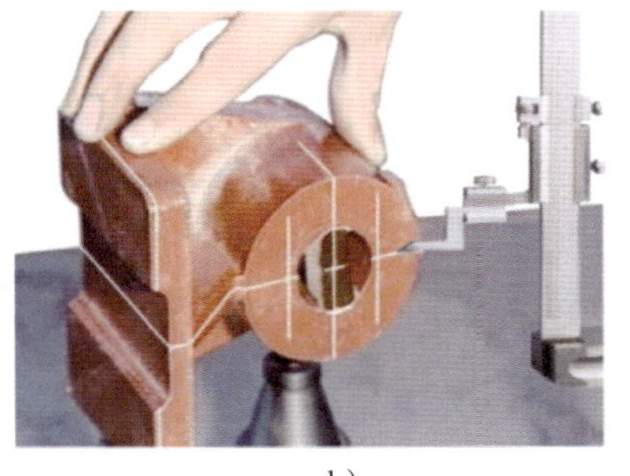

b)

图 1-6　划线
a）平面划线　b）立体划线

3．阅读知识链接，回答问题：什么是划线基准？划线基准的类型有哪几种？开瓶器的划线采用哪种基准？

4．开瓶器内外轮廓是由多个圆弧构成的，划线时会遇到圆弧与两圆内切或外切情况。查阅资料，写出图 1–7 所示图形的划线方法。

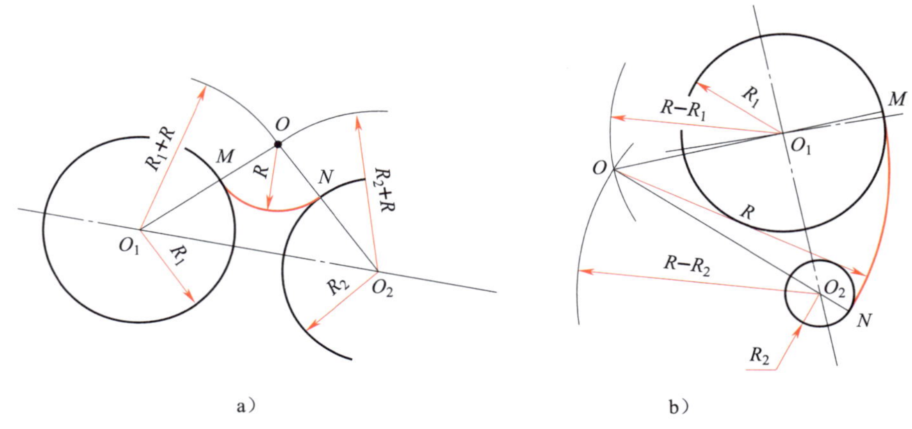

图 1–7　圆弧划线

a）圆弧与两圆外切　b）圆弧与两圆内切

5．阅读知识链接，回答问题：什么是找正？划线时为什么要找正？

6．阅读知识链接，回答问题：什么叫借料？划开瓶器上 R120 mm 圆弧加工线时，能否在毛坯上划出该圆弧的圆心位置？

7．阅读知识链接，总结划线的操作步骤。

三、锯削

观看钳工操作视频，查阅钳工相关教材，并咨询现场主管，回答有关锯削知识与技能的问题。

1．什么是锯削？锯削的用途有哪些？

2．图 1–8 所示为手锯实物图，查阅资料，说明手锯的构成。

a)　　　　b)

图 1–8　手锯

a）固定式　b）可调式

3．锯齿的粗细规格是怎样表示的？如何选择锯齿的粗细？锯削开瓶器边缘余料应选择什么样的锯齿？

4．图 1–9 所示为锯条的安装示意图，哪种方式是正确的？观看锯条的安装方法视频，总结锯条安装注意事项。

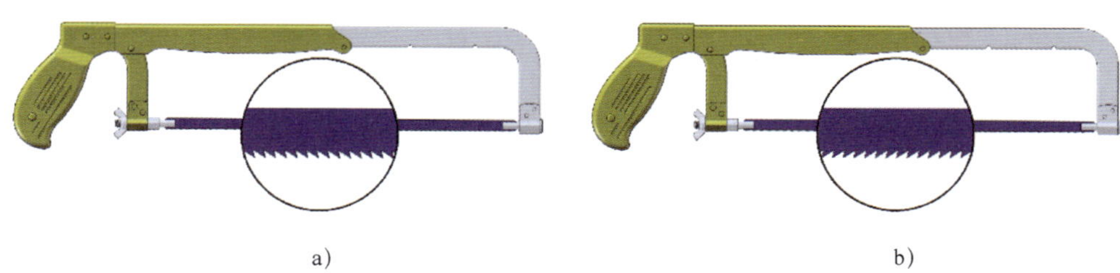

a)　　　　b)

图 1–9　锯条的安装示意图

5．锯削时，对工件的装夹有何要求？

6．图 1–10 所示为锯削时的站立姿势，观看锯削时的姿势及动作视频，总结锯削时对站立姿势和手锯的握法的要求。

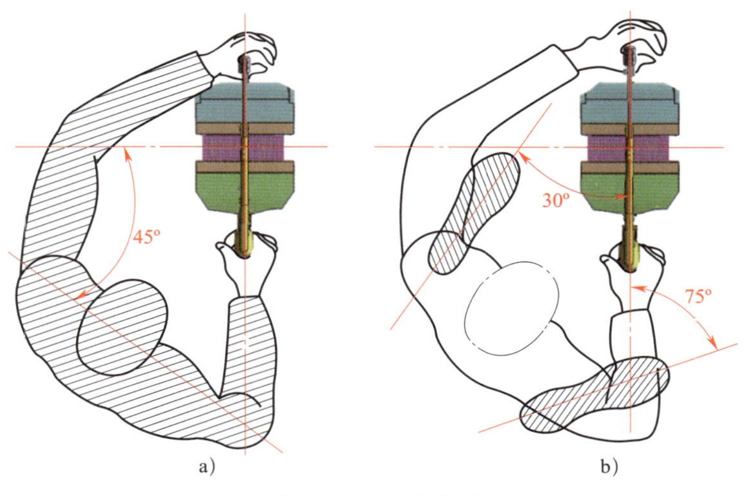

图 1–10　站立姿势

a）锯削时的身体立置　b）锯削步位

7．起锯是锯削工作的开始，起锯质量的好坏直接影响锯削的质量。观看起锯方法视频，回答问题：起锯方式有哪几种？起锯时应注意哪些事项？

8．阅读知识链接，总结推锯时锯弓运动方式种类，并说明各方式的操作要点。

9．开瓶器毛坯为板料型材，观看板料的锯削方法视频，总结板料锯削时的注意事项。

四、钻孔

观看钳工操作视频，查阅钳工相关教材，并咨询现场主管，回答有关钻孔知识与技能的问题。

1．什么是钻孔?

2．阅读知识链接，回答下列问题。

（1）麻花钻由钻体和钻柄组成，如图 1–11 所示，说明麻花钻各组成部分的作用。

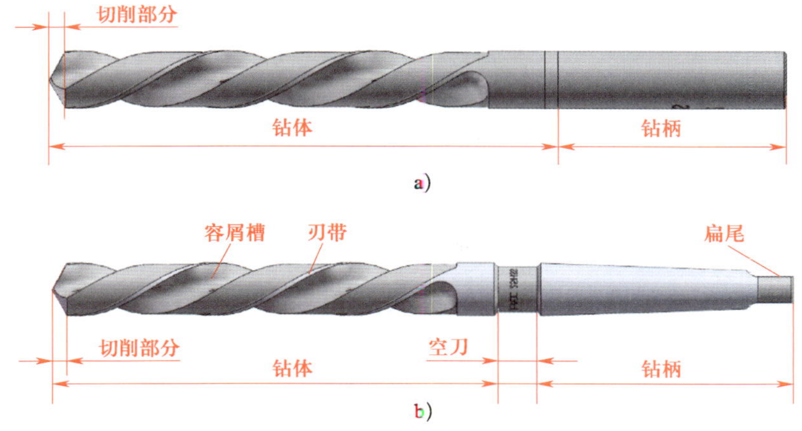

图 1–11　麻花钻

a）直柄麻花钻　b）锥柄麻花钻

（2）麻花钻切削部分是指由产生切屑的诸要素（主切削刃、横刃、前面、后面、刀尖）所组成的工作部分，如图 1–12 所示，标出各部分的名称。

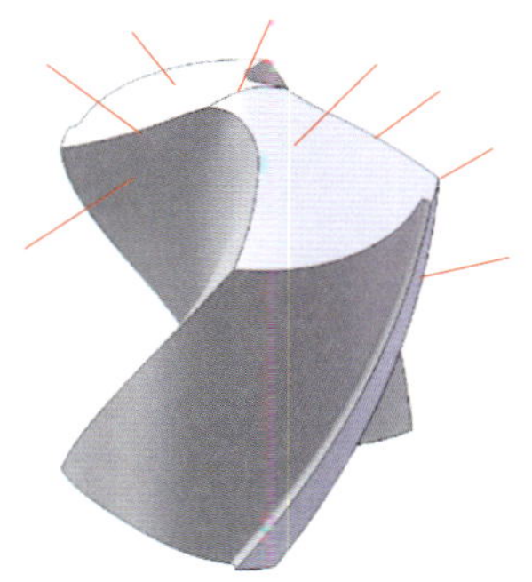

图 1–12　麻花钻切削部分

3．台式钻床如图 1–13 所示，观看台式钻床的结构与工作原理演示动画，说明台式钻床的主要组成部分。

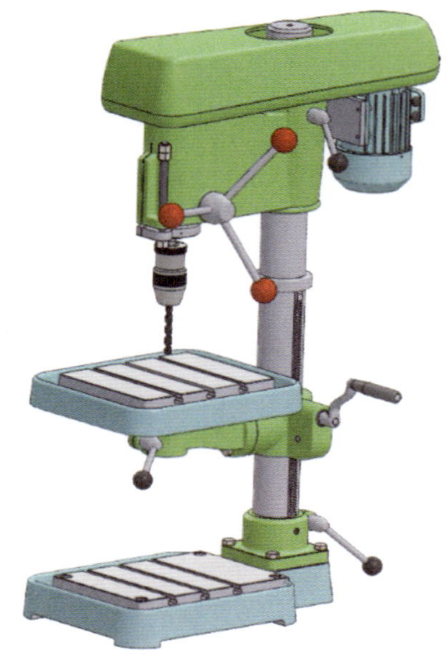

图 1–13　台式钻床

4．仔细阅读开瓶器零件图，制作开瓶器时，需要钻哪几种规格的孔？

5．钻 ϕ 3 mm、ϕ 6 mm、ϕ 9 mm、ϕ 12 mm 四种规格孔时，需要将麻花钻装夹到钻床主轴上。观看麻花钻的装夹视频，总结四种规格麻花钻的装夹方法。

6．钻开瓶器上的 ϕ6 mm、ϕ9 mm、ϕ12 mm 孔时，如何装夹毛坯？

7．如何钻开瓶器上的 ϕ6 mm、ϕ9 mm、ϕ12 mm 孔？

8．使用钻床过程中应注意哪些安全事项？

五、錾削

观看钳工操作视频，查阅钳工相关教材，并咨询现场主管，回答有关錾削知识与技能的问题。

1．什么是錾削？錾削主要用于哪些场合？

2．常用的錾子有扁錾、尖錾和油槽錾，其结构见表 1–7，说明各种錾子的用途。

表 1–7　錾子的种类与用途

名称	图示	用途
扁錾		
尖錾		
油槽錾		

3．錾削角度

錾削时，錾子与工件之间应形成适当的切削角度。图 1–14 所示为錾削平面时的情况。阅读知识链接，将錾削角度的定义与作用填入表 1–8 中。

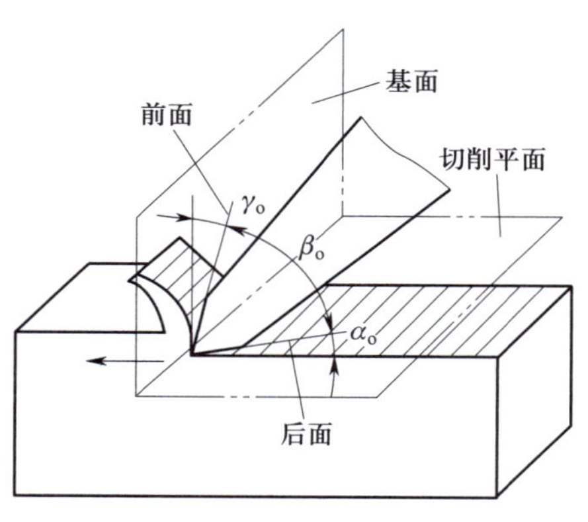

图 1–14　錾削角度

表 1–8　錾削角度的定义与作用

錾削角度	定义	作用
楔角 β_o		
后角 α_o		
前角 γ_o		

4．錾子的刃磨与热处理

阅读知识链接，并观看錾子的刃磨方法视频，回答下列问题。

（1）总结錾子的刃磨方法。

（2）錾子经刃磨后，必须进行淬火和回火处理后方可使用。如何对錾子进行淬火和回火处理？

5．錾削姿势

观看錾削姿势视频，回答下列问题。

（1）錾削时，锤子的握法有哪几种？各有何特点？

（2）錾削时，錾子的握法有哪几种？各有何特点？

（3）錾削时，挥锤方法有哪几种？各有何特点？

（4）总结錾削时的站立姿势。

（5）观看锤子的使用方法视频，总结锤击要领。

6．去除开瓶器内轮廓的余料一般采用什么方法？

六、锉削

观看钳工操作视频，查阅钳工相关教材，并咨询现场主管，回答有关锉削知识与技能的问题。

1．什么是锉削？

2．图 1–15 所示为锉刀，说明各部分的作用。观看锉刀柄的装拆视频，掌握锉刀柄的装拆。

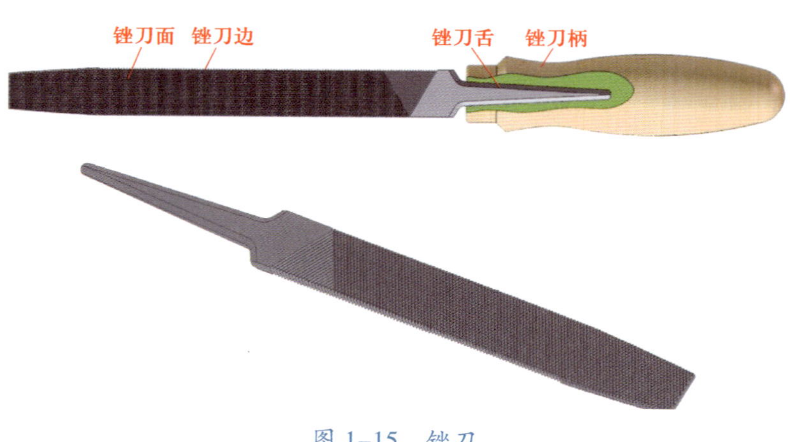

图 1–15　锉刀

3．按用途不同，锉刀分为哪些种类?

4．锉刀规格分为尺寸规格和锉纹粗细规格两种。阅读知识链接，说明它们各是如何规定的。

5．开瓶器加工面的表面粗糙度要求达到 Ra 3.2 μm，其形状也比较复杂，锉削时应如何选择锉刀?

6．锉刀的握法掌握得正确与否，对锉削质量、锉削力量的发挥和操作者的疲劳程度都有一定的影响。由于锉刀的大小和形状不同，锉刀的握法也应不同。观看锉刀的握法视频，根据锉刀的大小或长短，简述锉刀的握法。

7．图 1–16 所示为锉削动作，查阅资料，列举锉削动作要领。

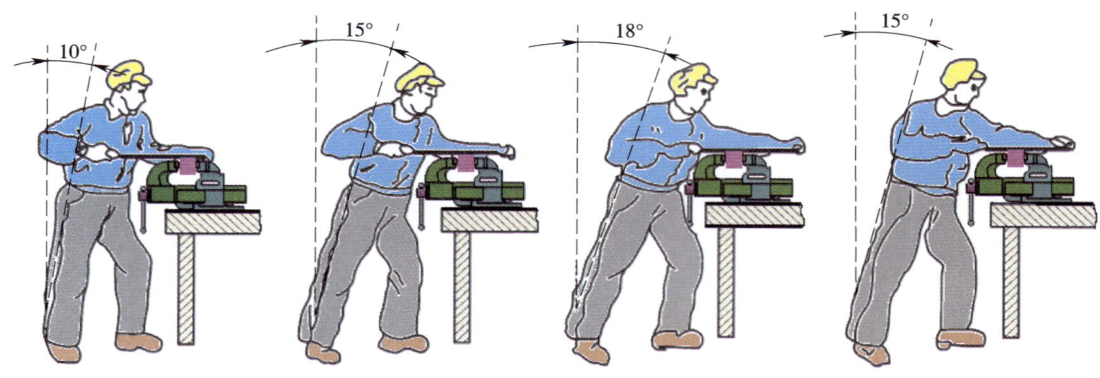

图 1–16　锉削动作

8．开瓶器外轮廓是由圆弧面组成的，观看外圆弧面的锉削视频，总结锉削外圆弧面的操作要领。

9．开瓶器内轮廓是由连接平面和内圆弧面组成的，观看内圆弧面的锉削视频，总结锉削内圆弧面的操作要领。

七、检测

1. 观看游标卡尺的演示动画，和操作视频，并阅读知识链接，回答下列问题。

（1）图 1–17 所示为游标卡尺结构，说明该类游标卡尺的分度值是多少，该类游标卡尺有几种功能。

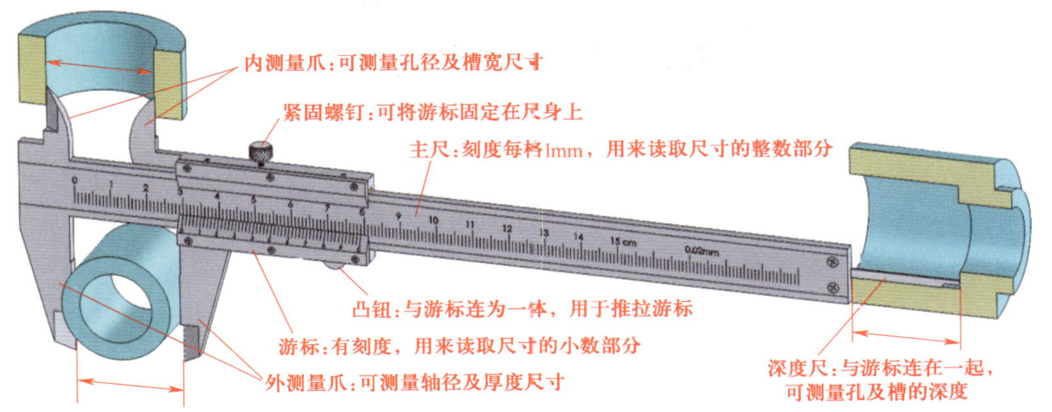

图 1–17　游标卡尺结构

（2）图 1–18 所示为游标卡尺的刻线原理，说明游标卡尺的刻线原理。

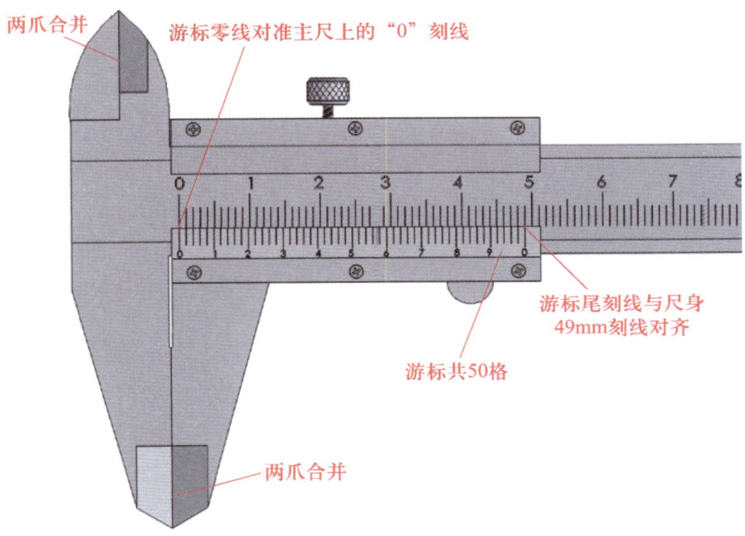

图 1–18　游标卡尺的刻线原理

（3）识读图 1–19 所示游标卡尺读数。

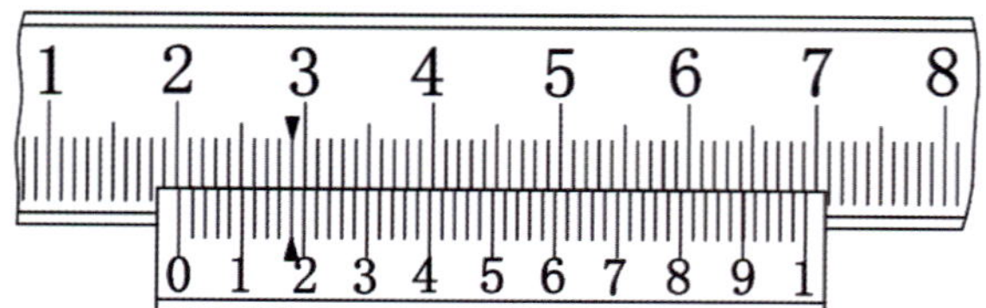

图 1–19　游标卡尺读数示例

2．图 1–20 所示为半径规，观看半径规的结构与工作原理演示动画，说明其用途。

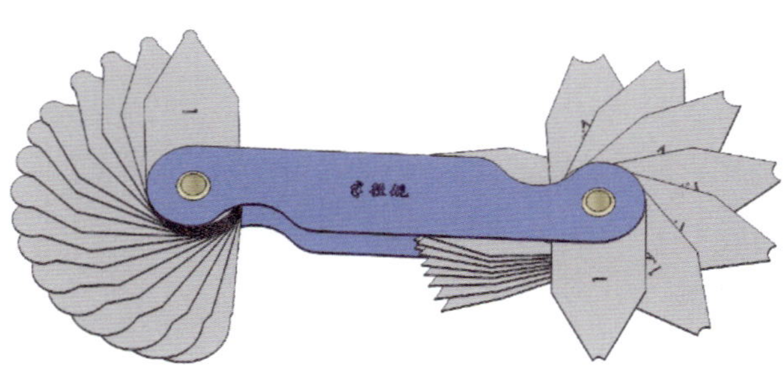

图 1–20　半径规

学习活动 4　制作开瓶器并检验

学习目标

1. 能应用划线工具在毛坯上划出开瓶器加工轮廓线。

2. 能正确使用常用工具（手锯、麻花钻、錾子等）去除工件余料。

3. 能正确使用台虎钳夹紧工件。

4. 能正确选用锉刀加工不同轮廓形状。

5. 能规范使用游标卡尺、半径规对开瓶器进行检测，并准确记录测量结果。

6. 能对台虎钳、手锯、锉刀、台式钻床进行维护保养，按现场 6S 管理的要求清理现场。

7. 能在作业过程中严格执行企业操作规范、安全生产制度、环保管理制度以及 6S 管理规定，严格遵守从业人员的职业道德，具有吃苦耐劳、爱岗敬业的工作态度和职业责任感。

8. 能与班组长、工具管理员等相关人员进行有效的沟通与合作。

建议学时：12 学时。

学习过程

一、加工准备

1．熟悉工作环境

了解钳工车间和工作区的范围和限制，了解企业对安全生产事故隐患的预防措施。

2．领取并检查工、量、刃具

领取并检查工、量、刃具的状况及功能，填写工、量、刃具清单（表 1–9）。

表 1-9　　工、量、刃具清单

序号	名称	规格	数量	备注
1				
2				
3				
4				
5				
6				
7				
8				
9				
10				
11				
12				
13				
14				
15				
16				

3．领取毛坯料

领取毛坯料，并测量毛坯外形尺寸，判断毛坯是否有足够的加工余量。

二、加工过程

1．划线

为保证加工出符合设计要求的开瓶器，要先利用划线工具在毛坯上划出开瓶器的轮廓作为加工界线。

（1）划线前需要准备哪些工、量、辅具?

（2）观看开瓶器的划线演示动画，简述开瓶器的划线步骤。

2．去除余料

（1）用划线工具划出开瓶器的加工界线后，要用钻削、錾削、锯削等方法来去除余料。拟选用哪几种去除余料的方法来去除主要加工余量？

（2）锯削

1）锯削前应准备哪些工具？

2）开瓶器属于薄板，工件应如何装夹？

3）图 1–21 所示为薄板锯削示意图，按此方式沿锯削线锯掉余料。锯削时应注意哪些问题?

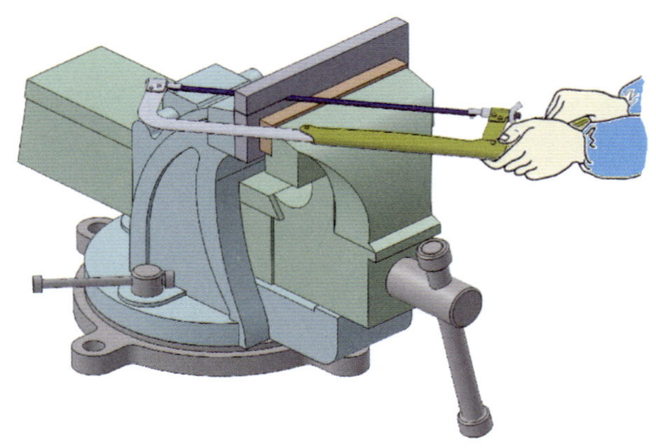

图 1–21　薄板锯削

（3）钻削

1）钻削前应准备哪些工具?

2）简述钻削步骤。

（4）錾削

1）錾削前应准备哪些工具?

2）简述錾削步骤。

（5）锉削

1）为了使制作的开瓶器轮廓尺寸符合设计的尺寸要求，提高其表面质量，需要对其表面进行锉削，即用锉刀对工件表面进行切削加工。锉刀按断面形状不同，分为平锉、方锉、三角锉、圆锉、半圆锉、菱形锉、刀形锉等，适用于加工不同形状的加工表面，如图 1–22 所示。加工开瓶器应选择哪几种锉刀?

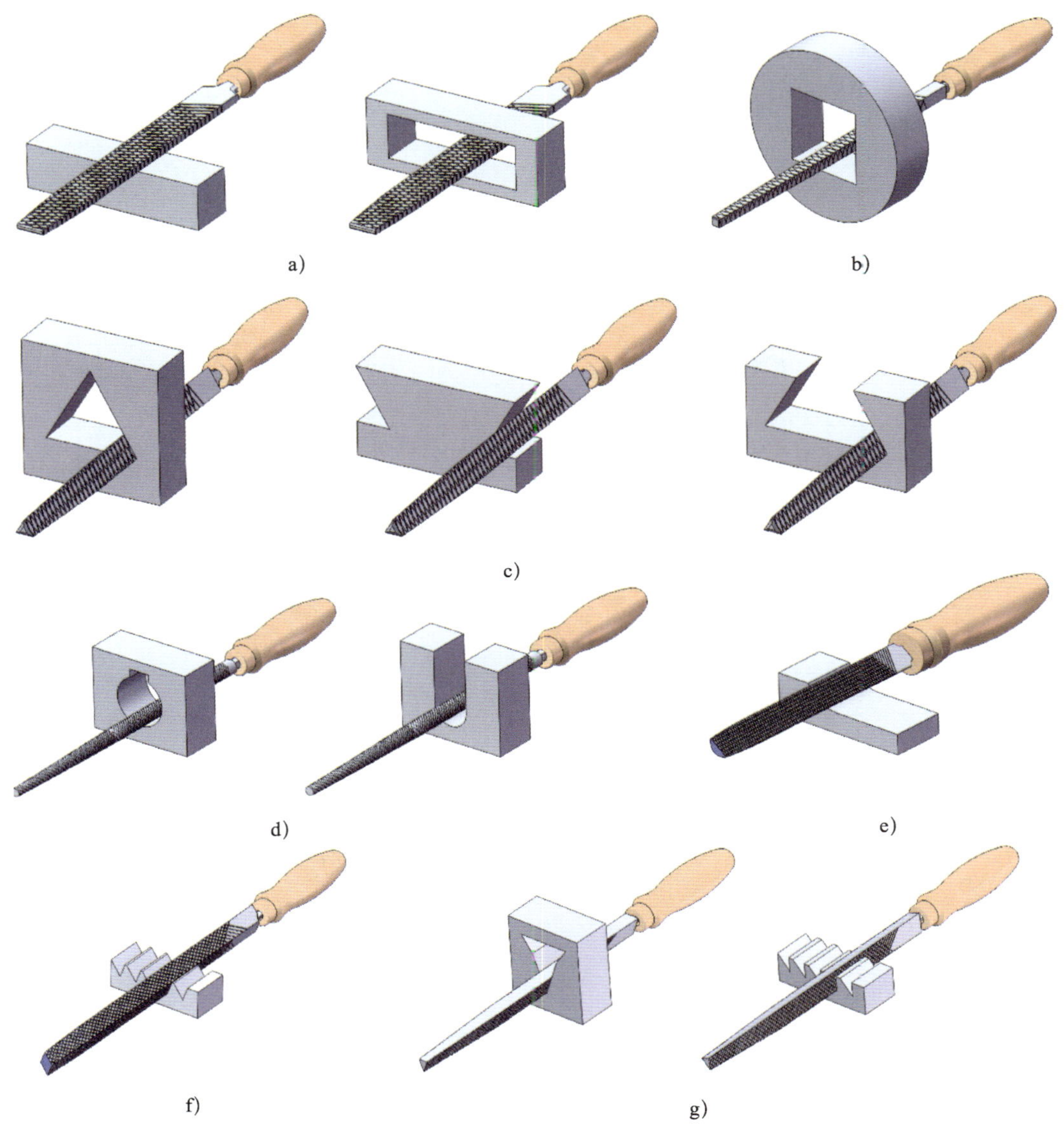

图 1–22　锉刀形状

a）平锉　b）方锉　c）三角锉　d）圆锉　e）半圆锉　f）菱形锉　g）刀形锉

2）简述锉削步骤。

三、检测

按表 1–10 中项目和技术要求，规范检测开瓶器加工质量。

表 1–10　　开瓶器质量检测表

序号	名称	配分	项目和技术要求	评分标准	检测记录	得分
1	主要尺寸（50 分）	4	24 mm	超差不得分		
2		4	ϕ48 mm	超差不得分		
3		4	R24 mm	超差不得分		
4		2×4	R5 mm（凸弧，2 处）	超差不得分		
5		2×4	R6 mm（凹弧，2 处）	超差不得分		
6		2×4	R120 mm（凹弧，2 处）	超差不得分		
7		2×3	R6 mm（凸弧，2 处）	超差不得分		
8		4	R5 mm（凹弧）	超差不得分		
9		4	ϕ9 mm	超差不得分		
10	次要尺寸（25 分）	4	92 mm	超差不得分		
11		2×3	16 mm（2 处）	超差不得分		
12		3	14 mm	超差不得分		
13		3	18 mm	超差不得分		
14		2×3	R3 mm（凹弧，2 处）	超差不得分		
15		3	6 mm	超差不得分		
16	表面粗糙度（10 分）	10×1	Ra3.2 μm（仅检测 10 处表面）	降级不得分		
17	主观评分（10 分）	3.5	已加工零件倒角、倒圆、倒钝、去毛刺是否符合图样要求			
18		3.5	已加工零件是否有划伤、碰伤和夹伤			
19		3	已加工零件与图样要求的一致性以及其余表面粗糙度			
20	更换添加毛坯（5 分）	5	是否更换添加毛坯		是 / 否	
21	职业素养	扣分	能正确穿戴工作服、工作鞋、安全帽和护目镜等劳动防护用品。每违反一项扣 2 分			
22			能规范使用设备、工具、量具和辅具。每违反一次扣 2 分			
23			能做好设备清洁、保养工作。不清洁、不保养扣 3 分；清洁保养不彻底扣 2 分			
总配分		100			总得分	

四、清理现场、归置物品

完成开瓶器的制作后，按照现场管理 6S 规范要求，保养工、量具，清理现场，合理归置物品，并回答以下问题。

1．钻床日常维护保养工作的内容有哪些？检查对钻床所做的维护保养工作是否到位。

2．台虎钳的日常维护保养工作的内容有哪些？

3．合理使用和保养锉刀可以延长锉刀的使用期限，避免因为使用、保养不当而使其过早损坏，那么应如何正确保养和使用锉刀呢？

4．所用量具应如何维护和保养？

学习活动 5　工作总结与评价

学习目标

1. 能自信地展示自己的作品，讲述自己作品的优势和特点。

2. 能倾听别人对自己作品的点评。

3. 能总结工作经验，优化加工策略。

建议学时：4 学时。

学习过程

1．以小组为单位派出代表介绍自己小组的优秀作品，通过作品展示，锻炼每一位小组成员的表达能力，同时提升自己的专业素养。

（1）选出组内评价较高的作品进行展示，并就作品实用性、工艺性和产品质量等内容做必要介绍，听取并记录其他小组对本组作品的评价和改进建议。

1）实用性

2）工艺性

3）产品质量

尺寸精度：

表面粗糙度：

（2）所展示作品中有哪些部位存在尺寸缺陷和表面质量缺陷？简要分析是什么原因导致的，并总结出避免质量缺陷的加工建议。

1）质量缺陷

尺寸缺陷：

表面质量缺陷：

2）试简要分析造成质量缺陷的原因。

3）如果下次接到相似的任务，在加工过程中，应优化哪些加工策略？

2．总结制作开瓶器的心得体会

（1）通过制作开瓶器，掌握了哪些钳工工艺知识？

（2）通过制作开瓶器，掌握了哪些钳工操作技能?

（3）按照本任务给定的加工工艺过程卡的加工顺序进行加工，对保障产品精度和质量有哪些意义？若变更加工顺序会产生怎样的影响?

3．总结加工工序、工时，填入表 1–11 并进行简单成本估算。

表 1–11 成本估算

序号	加工内容	工时	成本测算项目			成本估算值
			设备	能源	辅料	
1						
2						
3						
4						
5						
6						
7						
8						
9						
10						

4．你在估算开瓶器的成本时，考虑人工费、管理费、税费了吗？如果要计算人工费、管理费、税费，开瓶器的成本应如何估算？重新估算后，把相关追加的成本因素写下来。

评价与分析

学习任务一评价表

项目	自我评价			小组评价			教师评价		
	10 ~ 9	8 ~ 6	5 ~ 1	10 ~ 9	8 ~ 6	5 ~ 1	10 ~ 9	8 ~ 6	5 ~ 1
	占总评 10%			占总评 30%			占总评 60%		
学习活动 1									
学习活动 2									
学习活动 3									
学习活动 4									
学习活动 5									
协作精神									
纪律观念									
表达能力									
工作态度									
任务总体表现									
小计									
总评									

任课教师：　　　　年　　月　　日

任务拓展

制作 U 形板

一、工作情境描述

某企业需要制作 30 件如图 1–23 所示 U 形板，毛坯为 65 mm × 55 mm × 8 mm 板料，材料为 45 钢。生产技术部将该项生产任务安排给钳工组，U 形板表面要求光洁、美观，无毛刺。

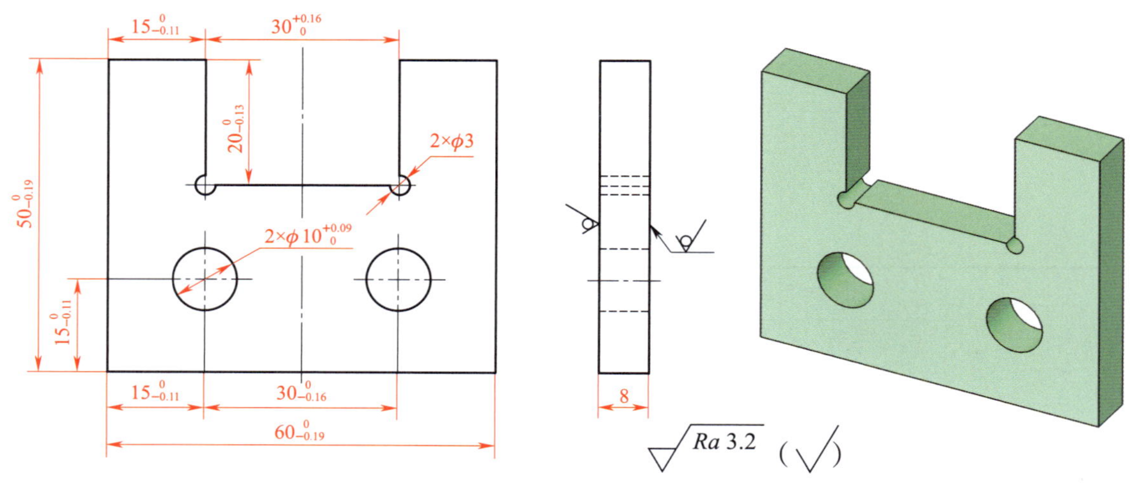

图 1–23　U 形板

二、评分标准

按表 1–12 中项目和技术要求检测 U 形板尺寸是否合格。

表 1–12　U 形板评分标准

序号	名称	配分	项目和技术要求	评分标准	检测记录	得分
1	主要尺寸（51 分）	3 × 6	$15^{0}_{-0.11}$ mm（3 处）	超差不得分		
2		6	$30^{0}_{-0.16}$ mm	超差不得分		
3		6	$20^{0}_{-0.13}$ mm	超差不得分		
4		7	$30^{+0.16}_{0}$ mm	超差不得分		
5		7	$50^{0}_{-0.19}$ mm	超差不得分		
6		7	$60^{0}_{-0.19}$ mm	超差不得分		
7	次要尺寸（24 分）	2 × 5	$\phi3$ mm（2 处）	超差不得分		
8		2 × 7	$\phi10^{+0.09}_{0}$ mm（2 处）	超差不得分		

续表

序号	名称	配分	项目和技术要求	评分标准	检测记录	得分
9	表面粗糙度（10 分）	10 × 1	*Ra*3.2 μm（10 处）	降级不得分		
10	主观评分（10 分）	3.5	已加工零件倒角、倒圆、倒钝、去毛刺是否符合图样要求			
11		3.5	已加工零件是否有划伤、碰伤和夹伤			
12		3	已加工零件与图样要求的一致性以及其余表面粗糙度			
13	更换添加毛坯（5 分）	5	是否更换添加毛坯		是 / 否	
14	职业素养	扣分	能正确穿戴工作服、工作鞋、安全帽和护目镜等劳动防护用品。每违反一项扣 2 分			
15			能规范使用设备、工具、量具和辅具。每违反一次扣 2 分			
16			能做好设备清洁、保养工作。不清洁、不保养扣 3 分；清洁保养不彻底扣 2 分			
总配分		100		总得分		

世赛知识

钳加工在世赛工业机械装调项目中的应用

工业机械装调项目在第 43 届世界技能大赛中被列为竞赛项目。该项目主要以企业对工业机械设备制造、改进、维护、维修等岗位的能力要求为基础，运用机械加工、装配调试、检测等技能以及机械结构、机械传动原理、电气控制原理等方面的专业知识，进行设备或自动化系统的拆卸、加工、安装、检测、维护、维修、调试等工作。参赛选手需根据竞赛要求及现场提供的设备、材料、工具等独立完成零件的机械加工、焊接加工、零部件的装配调试、电气检测等比赛内容。

工业机械装调项目比赛共设置机械加工、焊接加工、齿轮箱（泵）检测与维护、机械装配与调试、电气检测 5 个模块，赛程为 4 天，累计比赛时间约 20 小时。该竞赛项目需要选手具备车工、铣工、钳工、焊工、电工 5 个工种的技能，属于技能复合程度较高的竞赛项目。

钳加工是工业机械装调项目中的基本考核技能，参赛选手需要应用钳加工技能，在竞赛中完成小型单件的手工加工，如锯削、锉削、钻孔、铰孔、攻螺纹、精度检测等操作，同时，零件的装配与调试也属于钳加工范畴。图 1–24 所示为该项目第 45 届世界技能大赛中国集训队训练样题（手动擀面机）。

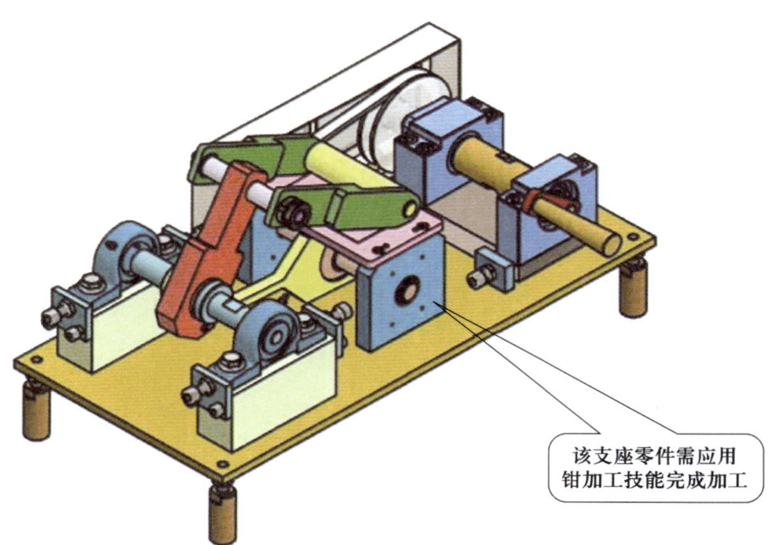

图 1–24　第 45 届世界技能大赛中国集训队训练样题（手动擀面机）

学习任务二　錾口手锤的制作

学习目标

1. 能在班组长等相关人员指导下，正确阅读生产任务单，明确生产任务和工作要求。

2. 能借助技术手册，查阅錾口手锤的材料牌号、制图、热处理和几何公差等知识，理解技术手册在生产中的重要性。

3. 能识读錾口手锤的零件图，描述錾口手锤的形状、尺寸、表面粗糙度、公差、材料等信息，指出各信息的意义。

4. 能正确识读錾口手锤工艺过程卡，明确加工步骤和方法。

5. 能根据錾口手锤工艺过程卡绘制工序简图。

6. 能正确设计锯、锉长方体的加工步骤。

7. 能正确选择錾口手锤头部余量的去除方法。

8. 能识别錾口手锤上的螺纹种类，正确选择内螺纹加工方法。

9. 能正确掌握攻螺纹的操作方法。

10. 能了解钢的常用整体热处理方法及目的。

11. 能了解钳工车间和工作区的范围和限制，了解企业在车间环境、安全、卫生和事故预防方面的措施。

12. 能检查工作区、设备、工具和材料的状况和功能。

13. 能根据錾口手锤的加工工艺，完成錾口手锤的制作。

14. 能应用外径千分尺、刀口尺、直角尺等量具检测工件的尺寸精度和几何精度。

15. 能对台虎钳、手锯、锉刀、台式钻床进行维护保养，按现场 6S 管理的要求清理现场。

16. 能总结工作经验，优化加工策略。

17. 能在作业过程中严格执行企业操作规范、安全生产制度、环保管理制度以及 6S 管理规定，严格遵守从业人员的职业道德，具有吃苦耐劳、爱岗敬业的工作态度和职业责任感。

18. 能与班组长、工具管理员等相关人员进行有效的沟通与合作，了解有效沟通和团队合作的重要性。

建议学时

40 学时。

工作情境描述

某企业装配线上由于特殊的装配需要，需定制 30 件錾口手锤（图 2-1），毛坯为 ϕ30 mm×90 mm 棒料，材料为 45 钢。手锤由凹凸圆弧面、锥体、长方体、倒角和螺纹孔等要素组成，加工时应控制轮廓精度为 IT12，表面粗糙度为 Ra3.2 μm，尺寸精度为 IT8 ~ IT10，加工过程中应保证螺纹孔的位置精度。生产主管计划由钳工组完成加工任务。观看微课，了解学习任务内容。

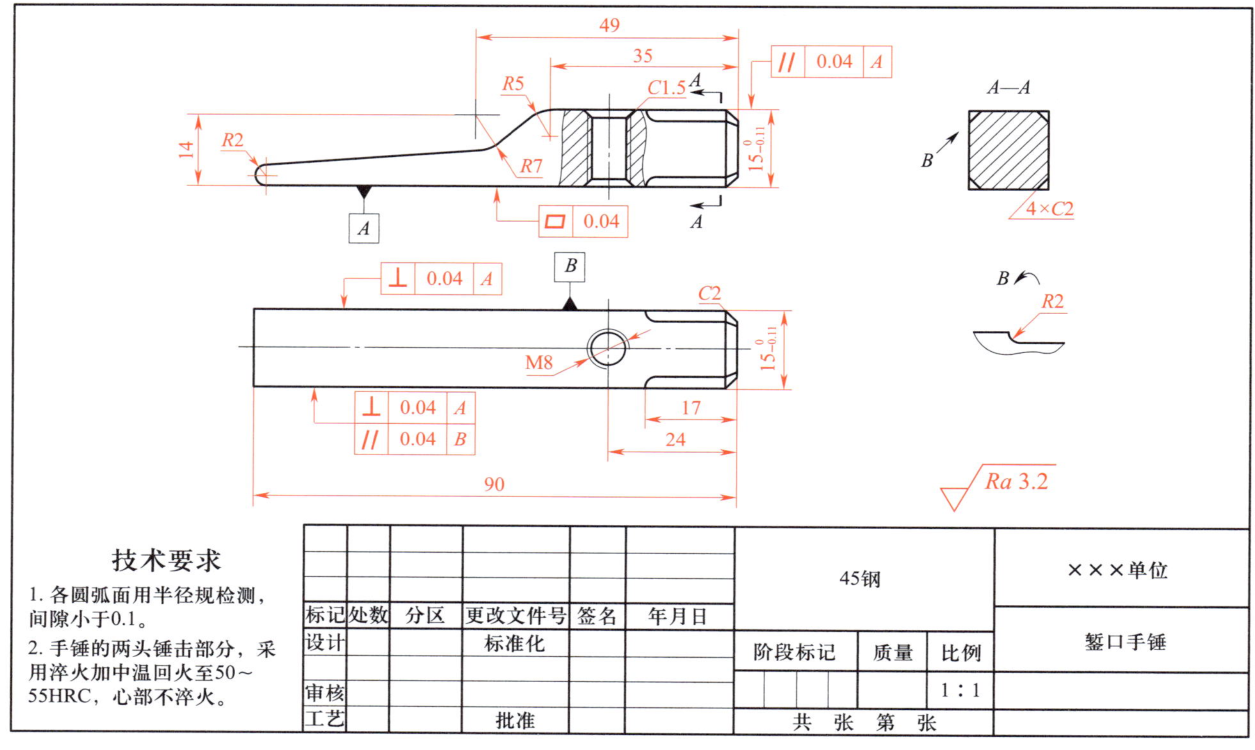

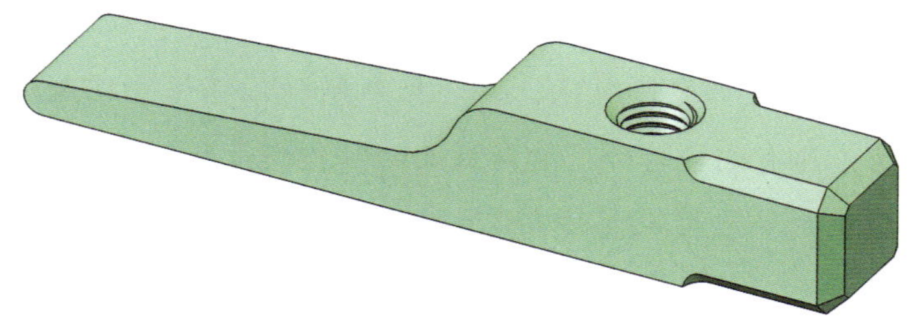

图 2-1 錾口手锤

工作流程与活动

1．接受工作任务（4 学时）

2．确定加工步骤和方法（14 学时）

3．制作錾口手锤并检验（18 学时）

4．工作总结与评价（4 学时）

- 学习任务二 錾口手锤的制作
  - 学习活动1 接受工作任务
    - 阅读生产任务单
    - 识别加工材料
    - 识读錾口手锤零件图
      - 识读錾口手锤零件图
      - 识读錾口手锤尺寸标注
      - 识读錾口手锤表面质量要求
      - 识读錾口手锤几何公差要求
      - 识读錾口手锤热处理要求
    - 绘制錾口手锤零件图
  - 学习活动2 确定加工步骤和方法
    - 阅读加工工艺过程卡
      - 选择毛坯的种类
      - 绘制工序简图
      - 设计长方体的锯、锉顺序
      - 学习基准的概念及其选择
      - 学习平面锉削及操作要领
      - 学习斜面的锯削方法
    - 攻螺纹
      - 明确攻螺纹的种类
      - 丝锥的种类、结构及规格
      - 底孔直径的计算
      - 攻螺纹操作要领
    - 热处理
      - 确定錾口手锤的热处理方法
    - 检测
      - 千分尺的结构及其应用
      - 刀口尺及其应用
      - 平面度的检测方法
      - 平行度的检测方法
      - 垂直度的检测方法
      - 表面粗糙度的检测方法
  - 学习活动3 制作錾口手锤并检验
    - 加工准备
      - 熟悉工作环境
      - 领取工、量、刃具
      - 领取毛坯
    - 加工过程
      - 将毛坯锯、锉成长方体
      - 精锉长方体
      - 划錾口手锤轮廓锯削加工线
      - 锯削斜面
      - 锉削轮廓面并倒角
      - 钻螺纹底孔并孔口倒角
      - 攻螺纹
      - 热处理淬硬
    - 检测
      - 应用游标卡尺测量长度尺寸
      - 应用半径规测量圆弧
    - 按6S要求，清理现场，归置物品
  - 学习活动4 工作总结与评价
    - 作品展示
    - 工作总结与评价

学习活动 1　接受工作任务

学习目标

1. 能在班组长等相关人员指导下，正确阅读生产任务单，明确生产任务和工作要求。

2. 能借助技术手册，查阅錾口手锤所用材料的牌号、用途及其性能。

3. 能识读錾口手锤的零件图，描述錾口手锤的形状、尺寸、表面粗糙度、公差、材料等信息，指出各信息的意义。

建议学时：4 学时。

学习过程

一、阅读生产任务单（表 2–1）

表 2–1　　錾口手锤生产任务单

单　　号：			开单时间：　　　年　　月　　日　　时	
开单部门：			开 单 人：	
接 单 人：　　　　部　　　　组			签　　名：	
以下由开单人填写				
序号	产品名称	材料	数量	技术标准、质量要求
1	錾口手锤	45 钢	30	按图样要求
2				
3				
4				

续表

<table>
<tr><td>任务细则</td><td colspan="3">1．到仓库领取相应的材料
2．根据现场情况选用合适的工、量具和设备
3．根据加工工艺进行加工，交付检验
4．填写生产任务单，清理工作场地，完成工、量具和设备的维护保养</td></tr>
<tr><td>任务类型</td><td>☑钳加工</td><td>完成工时</td><td>40 h</td></tr>
<tr><td colspan="4">以下由开单人填写</td></tr>
<tr><td>领取材料</td><td></td><td colspan="2" rowspan="2">仓库管理员（签名）

年　月　日</td></tr>
<tr><td>领取工、量具</td><td></td></tr>
<tr><td>完成质量
（小组评价）</td><td></td><td colspan="2">班组长（签名）

年　月　日</td></tr>
<tr><td>用户意见
（教师评价）</td><td></td><td colspan="2">用户（签名）

年　月　日</td></tr>
<tr><td>改进措施
（反馈改良）</td><td colspan="3"></td></tr>
</table>

注：生产任务单与零件图样、工艺过程卡一起领取。

1．在班组长等相关人员指导下，阅读生产任务单，将零件名称、制作材料、零件数量和完成时间填入表 2–2。

表 2–2　　生产任务

零件名称		制作材料	
零件数量		完成时间	

2．錾口手锤由哪个生产班组进行加工?

二、了解錾口手锤所用材料的牌号、性能及用途

由生产任务单（表 2–1）可知制作錾口手锤的材料为 45 钢。借助技术手册，查阅 45 钢的牌号、用途及其性能。

1．45 钢是一种常见优质碳素结构钢，优质碳素结构钢的牌号是如何定义的？ 45 钢的含碳量是多少？

2．45 钢具有怎样的力学性能？

3．45 钢具有怎样的特性和用途？

三、分析零件图样，明确加工尺寸要求

1．錾口手锤的零件图主要应用了几个视图来表达零件的几何特性？各视图分别表达了錾口手锤的哪些几何特性？

2．将机件向不平行于基本投影面的平面投射所得的视图称为斜视图。图 2–1 中 *B* 向视图为斜视图，它主要表达錾口手锤的哪部分结构？怎样识读斜视图？

3．图 2–1 所示 $4\times C2$ 的尺寸标注表示什么含义？

4．图 2–1 所示的 $15_{-0.11}^{\ 0}$ mm 上、下极限尺寸分别为多少？这样标注尺寸的意义是什么？

5．图 2–1 所示的符号 M8 表示什么含义？

6．图 2–1 所示的符号 A、B 表示设计时在图样上所选定的基准，称为设计基准。解释基准符号所代表的意义。

7．图 2–1 除包含基本的尺寸信息外，还包含了平行度、平面度和垂直度等几何公差信息。说明下列代号的具体含义。

（1）| // | 0.04 | A | 表示：

（2）| ▱ | 0.04 | 表示：

（3）| ⊥ | 0.04 | A | 表示：

8．图 2–1 所示的符号 $\sqrt{Ra\ 3.2}$ 为表面结构代号。说明该代号所表示的具体含义。

9．如图 2–1 所示，为何 $\sqrt{Ra\ 3.2}$ 没有标注在零件加工表面上，而是放在了标题栏的上方?

10．在零件图的技术要求中有一项是“淬火加中温回火至 50 ~ 55HRC”，查阅技术手册，说明淬火加中温回火的含义。

四、绘制图形

为了进一步熟悉錾口手锤的图样信息，按照原图抄画錾口手锤零件图。(可附图纸，粘贴于此)

学习活动 2　确定加工步骤和方法

学习目标

1. 能正确识读錾口手锤工艺过程卡，明确加工步骤和方法。

2. 能根据錾口手锤工艺过程卡绘制工序简图。

3. 能正确设计锯、锉长方体的加工步骤。

4. 能正确设计长方体的精锉顺序，并能正确选择平面的锉削方法。

5. 能正确选择錾口手锤头部余量的去除方法。

6. 能识别錾口手锤上的 M8 螺纹的种类，正确选择内螺纹加工工具。

7. 能识别丝锥的标记符号，并能根据加工材料确定攻螺纹前的底孔直径。

8. 能正确掌握攻螺纹的操作方法。

9. 能了解钢的常用整体热处理方法及目的。

10. 能规范应用外径千分尺、刀口尺、直角尺等量具检测工件的尺寸精度和几何精度。

建议学时：14 学时。

学习过程

一、阅读加工工艺过程卡

阅读錾口手锤加工工艺过程卡（表 2–3），回答下列问题。

表 2-3 錾口手锤加工工艺过程卡

机械加工工艺过程卡			产品型号		零（部）件图号			
			产品名称		零（部）件名称	錾口手锤	共 页	第 页
材料牌号	45 钢	毛坯种类	棒料	毛坯外形尺寸	ϕ30 mm × 90 mm	每件毛坯可制件数	1	每台件数		备注	

工序号	工序名称	工序内容	车间	工段	设备	工艺装备	工时	
							单件	最终
1	将毛坯锯、锉成长方体	将 ϕ30 mm × 90 mm 棒料锯、锉成 16 mm × 16 mm × 90 mm 的长方体	钳加工		平台、V 形架	划针、钢直尺、游标卡尺、游标高度卡尺、手锯、平锉		
2	精锉长方体	将 16 mm × 16 mm × 90 mm 的长方体锉成 15 mm × 15 mm × 90 mm 的长方体	钳加工		台虎钳	平锉、刀口直尺、直角尺		
3	划线	划 *R*2 mm 圆弧面、*R*7 mm 圆弧面、*R*5 mm 圆弧面、斜面、倒角等轮廓加工线，以及斜面锯削线	钳加工		平台	划针、划规、钢直尺、样冲、游标高度卡尺		
4	锯削斜面	沿锯削线锯削斜面	钳加工		台虎钳	手锯		
5	锉削轮廓面并倒角	锉 *R*2 mm、*R*7 mm、*R*5 mm、锥体等轮廓面并倒角	钳加工		台虎钳	平锉、半圆锉、钢直尺、游标卡尺、半径规		
6	钻螺纹底孔并孔口倒角	钻 ϕ6.75 mm 螺纹底孔，并用 ϕ12 mm 麻花钻对孔口倒角	钳加工		台钻	ϕ6.75 mm 和 ϕ12 mm 麻花钻		
7	攻螺纹	攻 M8 螺纹	钳加工		台虎钳	M8 丝锥、铰杠		
8	热处理	淬火加中温回火至 50 ~ 55HRC	热处理		电阻炉	钳子、防护手套		
9	检验	按图样尺寸进行检验	检验室		平台	钢直尺、游标卡尺、半径规、刀口直尺、直角尺		

									设计（日期）	审核（日期）	标准化（日期）	会签（日期）
标记	处数	更改文件号	签字	日期	标记	处数	更改文件号	签字	日期				

1．机械加工常用的毛坯有铸件、锻件、棒料和型材等，制作錾口手锤所用的毛坯为哪种？其尺寸是多少？

2．识读表 2–3，列出制作錾口手锤的工序，明确錾口手锤的加工步骤。

3．在表 2–4 中绘制各工序简图。

表 2–4　绘制工序简图

序号	工序	工序简图
1	将毛坯锯、锉成长方体	
2	精锉长方体	
3	划线	
4	锯削斜面	
5	锉削轮廓面并倒角	

续表

序号	工序	工序简图
6	钻螺纹底孔并孔口倒角	
7	攻螺纹	

4．工序 1 是将 ϕ30 mm×90 mm 棒料锯、锉成 16 mm×16 mm×90 mm 的长方体。因圆棒料两端面无须加工，故只考虑加工四个侧面。四个侧面的加工顺序如图 2–2 所示，试制定该工序具体加工步骤。

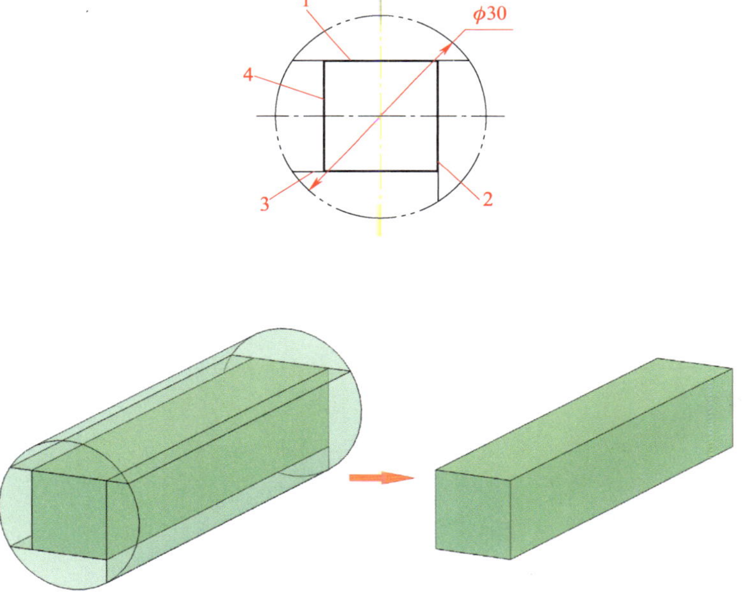

图 2–2　锯、锉加工顺序示意图

5．工序 2 为精锉长方体的 4 个面，如图 2–3 所示。加工时，先选定基准面并精修，然后依次锉削侧面 1、侧面 2、平行面。为什么用加工过的表面作为精基准？精基准的选择原则有哪些？

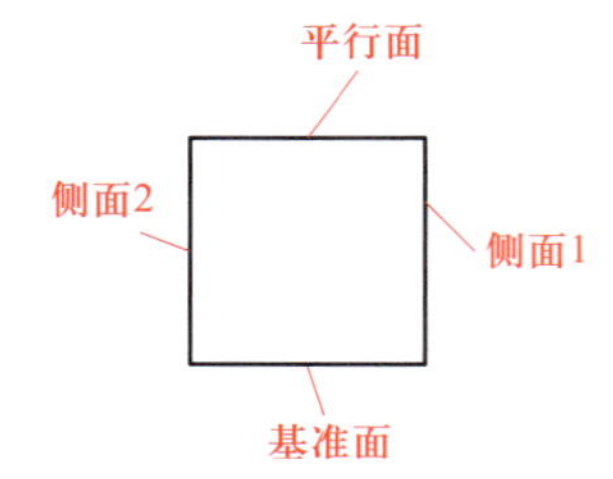

图 2–3　精锉加工顺序示意图

6．使用锉刀锉削平面的方法有顺向锉、交叉锉和推锉，阅读知识链接并观看平面锉削操作视频，总结三种平面锉削方法的操作要领及应用，填到表 2–5 中。

表 2–5　平面锉削的操作要领及应用

种类	操作图示	操作要领及应用
顺向锉	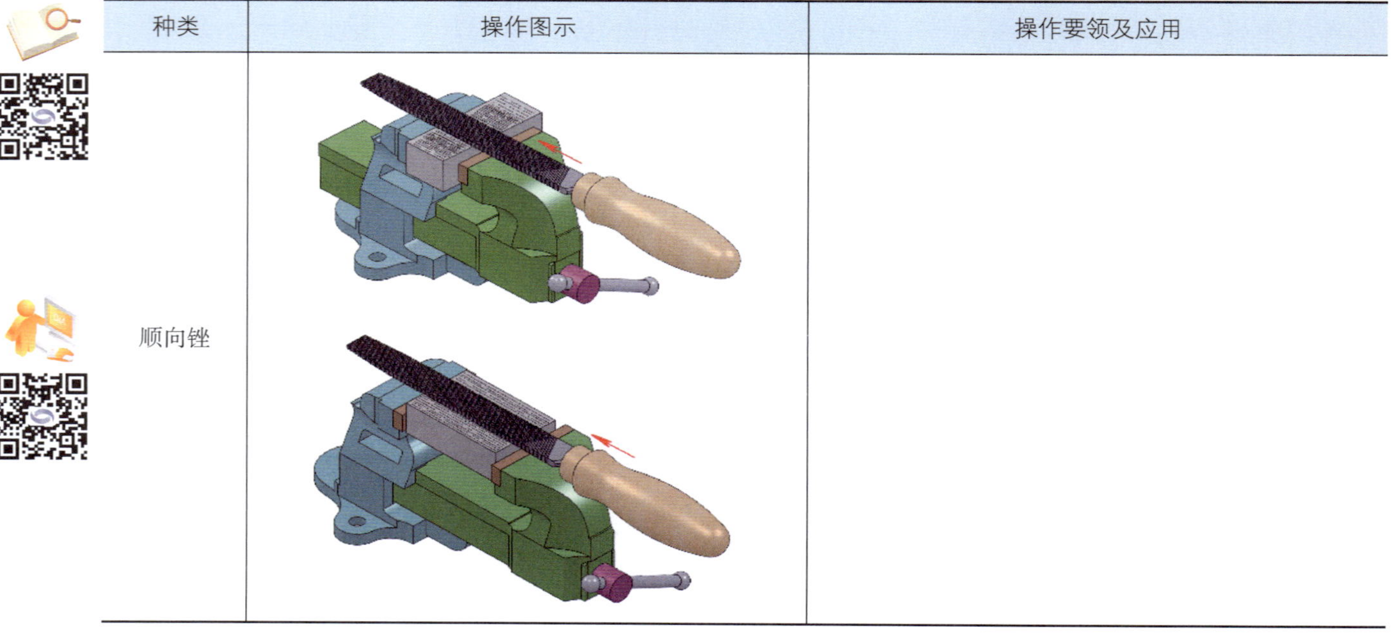	

续表

种类	操作图示	操作要领及应用
交叉锉	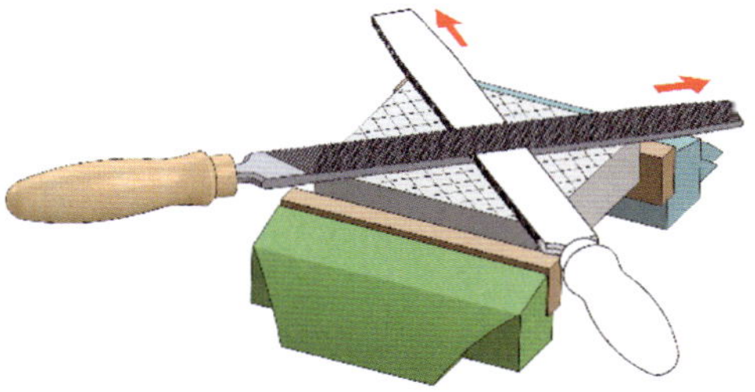	
推锉	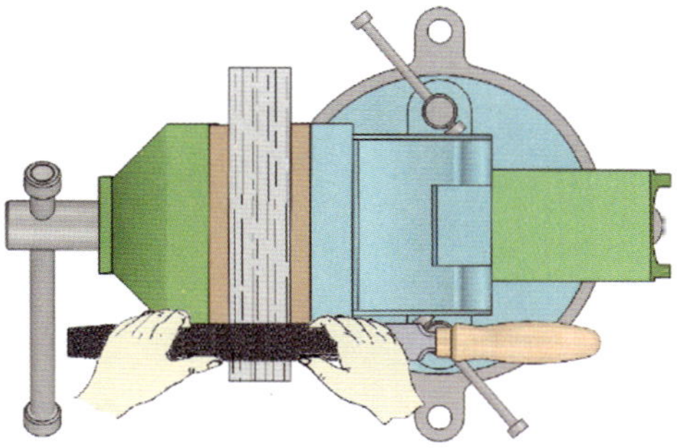	

7．划线分为平面划线和立体划线，工序 3 属于哪类划线？为何 $R2$ mm 圆弧面、$R7$ mm 圆弧面、$R5$ mm 圆弧面、锥体、倒角等轮廓的划线放在锯削斜面之前？

8．工序 4 为锯削斜面，应如何保证该工序加工质量？

二、攻螺纹

螺纹指的是在圆柱或圆锥母体表面上制出的螺旋线形的、具有特定截面的连续凸起部分。螺纹按其母体形状分为圆柱螺纹和圆锥螺纹；按其在母体所处位置分为外螺纹、内螺纹；按其截面形状（牙型）分为三角形螺纹、矩形螺纹、梯形螺纹、锯齿形螺纹及其他特殊形状螺纹。查阅机械制图等教材或咨询班组长等专业技术人员，回答下列问题。

1．錾口手锤上的 M8 螺纹按其母体形状属于哪种螺纹？按其在母体所处位置属于哪种螺纹？按其截面形状属于哪种螺纹？

2．图 2–1 所示 M8 螺纹是采用攻螺纹的方法加工的。查阅资料，写出攻螺纹的概念。

3．丝锥是一种成形多刃刀具，丝锥的种类有手用丝锥、机用丝锥及管螺纹丝锥等，如图 2–4 所示。手用丝锥常用哪种材料制造？机用丝锥常用哪种材料制造？

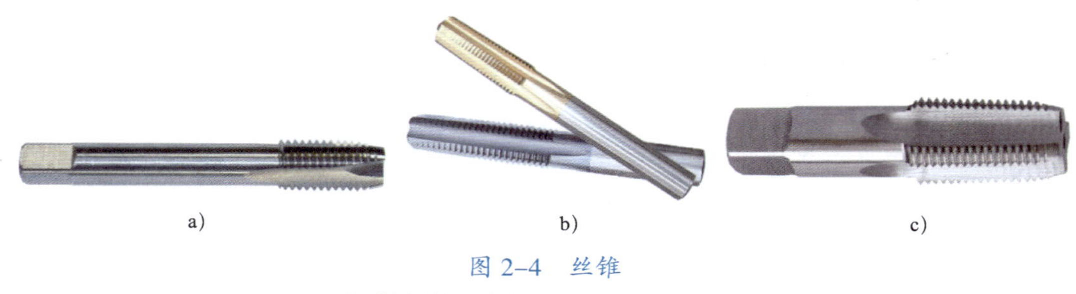

图 2–4　丝锥

a）手用丝锥　b）机用丝锥　c）管螺纹丝锥

4．丝锥由柄部和工作部分组成，工作部分由切削部分和校准部分组成。图 2–5 所示为丝锥结构图，查阅资料或咨询班组长，标出丝锥各组成部分的名称。

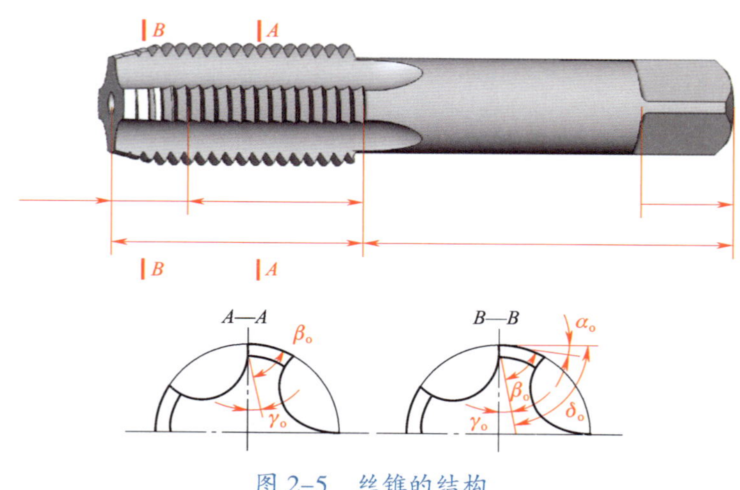

图 2–5　丝锥的结构

5．由于丝锥的种类、规格较多，弄清标记所代表的含义，对正确选择和使用丝锥是很有必要的。查阅资料，解释下列丝锥标记符号的含义。

（1）M10：

（2）M10×1：

6．攻螺纹时，由于丝锥对金属层有较强的挤压作用，使攻出螺纹的小径小于底孔直径，因此攻螺纹之前底孔直径应稍大于螺纹小径。阅读知识链接，明确下列两种材料攻制螺纹时，其底孔直径应如何计算。

（1）攻制钢件或塑性较大的材料时，底孔直径的计算公式为：

$D_{孔}$=________________________。

（2）攻制铸铁或塑性较小的材料时，底孔直径的计算公式为：

$D_{孔}$=________________________。

7．攻螺纹前要对底孔孔口进行倒角（通孔两端孔口都要倒角），且倒角处的直径应略大于螺纹公称直径，这是为什么？

8．阅读知识链接，回答下列问题。

（1）当丝锥的切削部分全部切入工件后，是否还要对丝锥施加压力？

（2）攻螺纹时，要经常正转 1/2 ~ 1 圈后，倒转 1/4 ~ 1/2 圈，这是为什么？

三、热处理

钢的热处理是通过加热、保温和冷却的工艺方法使钢的内部组织结构发生变化，从而获得所需要性能的一种加工工艺。钢的常用整体热处理方法有退火、正火、淬火和回火。阅读知识链接，回答下列问题。

1．什么是退火？常用的退火方法有哪些？各有何目的？

2．什么是正火？正火的目的是什么？

3．什么是淬火？淬火的目的是什么？

4．什么是回火？回火的目的是什么？

5．回火时，由于回火温度决定钢的组织和性能，所以生产中一般以工件所需的硬度来决定回火温度。根据回火温度的不同，通常将回火分为哪三类？各类回火具体温度范围是多少？

四、检测

1．千分尺是一种应用螺旋测微原理制成的精密量具，可估读到毫米的千分位，故名千分尺。它的测量精度比游标卡尺高，因此，对于加工精度要求较高的工件尺寸，常用千分尺测量。千分尺有 0 ~ 25 mm、25 ~ 50 mm、50 ~ 75 mm、75 ~ 100 mm 等规格。图 2–6 所示为钳工常用 0 ~ 25 mm 外径千分尺，观看外径千分尺的结构与工作原理演示动画，标出各组成部分的名称。

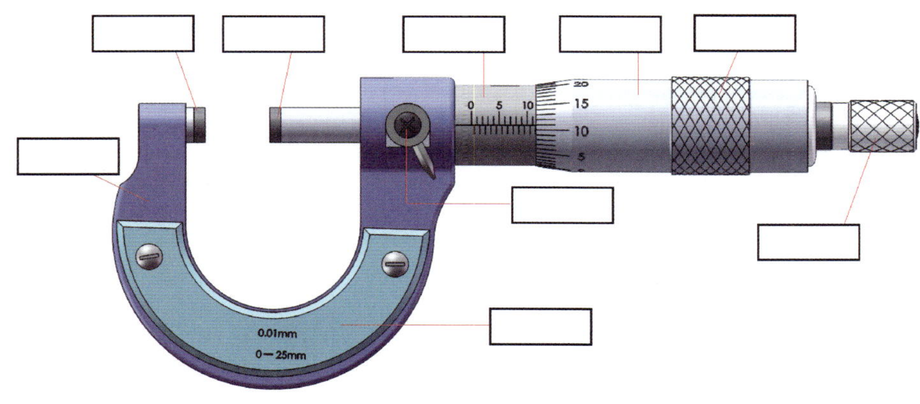

图 2-6　0 ~ 25 mm 外径千分尺

2．在外径千分尺上读取尺寸的方法如图 2-7 所示。观看千分尺的使用视频，并阅读知识链接，以图 2-7 为例，总结外径千分尺读数步骤。

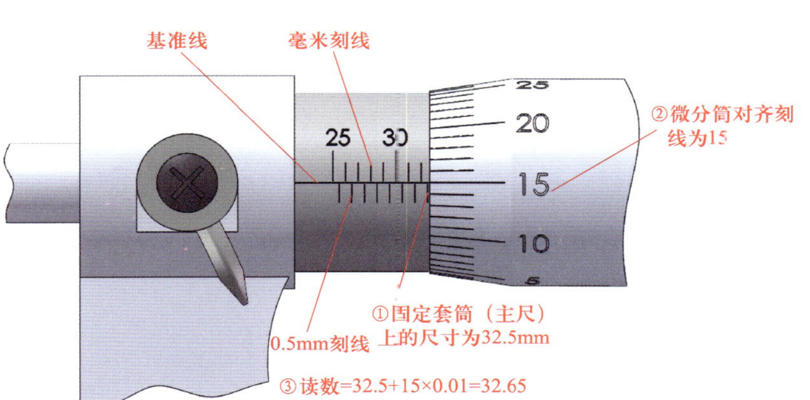

图 2-7　外径千分尺读取尺寸的方法

3．检测平面度误差

（1）锉削工件时，由于锉削平面较小，其平面度通常采用刀口尺通过透光法来检测。图 2-8 所示为刀口尺，常用的规格有 75 mm、125 mm 和 175 mm。检测时，刀口尺应垂直放在工件被测表面上，在被测面的纵向、横向、对角方向多处逐一检查，以确定各方向的平面度误差，如图 2-9 所示。

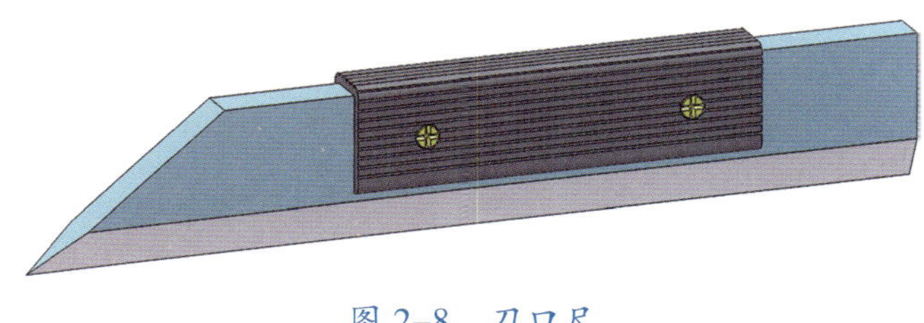

图 2-8　刀口尺

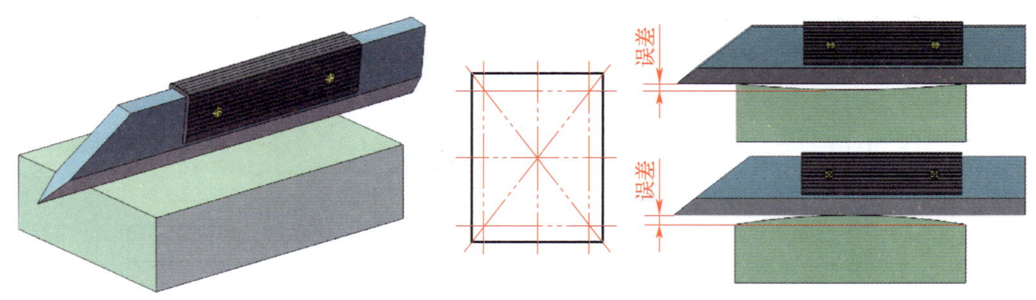

图 2-9　检测平面度误差

用刀口尺通过透光法来检测平面度误差会出现以下结果：

1）如果检测处从刀口尺与平面间透过来的光线微弱而均匀，表示此处比较________。

2）如果检测处透过来的光线强弱不一，则表示此处有高低不平处，光线强的地方比较________，而光线弱的地方比较________。

（2）平面度具体误差值可用如图 2-10 所示的塞尺塞入检测。用塞尺检测时，应做两次极限尺寸的检查后，才能得出其间隙的数值。

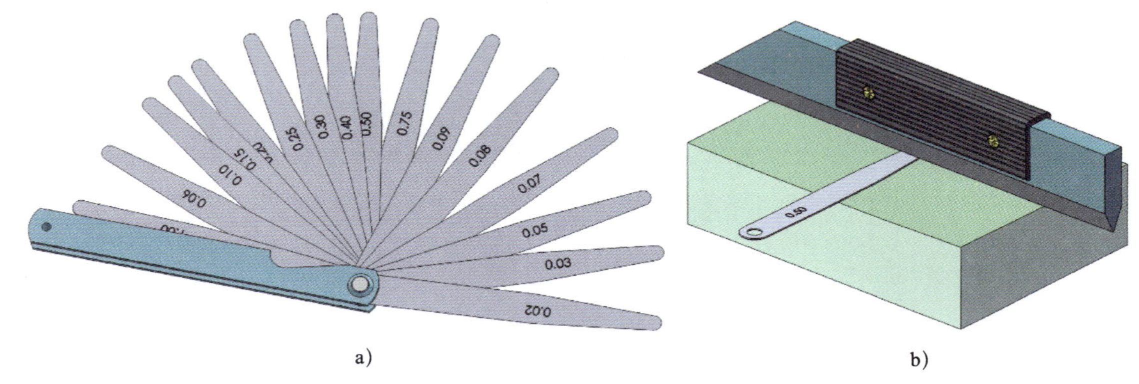

图 2-10　平面度误差值的检测

a）塞尺　b）用塞尺检测平面度具体误差值

对中凹平面，其平面度误差可取各检测部位中的______值；对中凸平面，则应在两边塞入同样厚度的塞尺进行检查，其平面度误差可取各检测部位中的______值。

4．检测平行度误差

以锉平的基面为基准，用游标卡尺或千分尺在不同点测量两平面间的厚度，根据读数确定该位置的平行度是否有误差。试简述千分尺的使用注意事项。

5．检测垂直度误差

当锉削平面与有关表面有垂直度要求时，一般采用直角尺检测，如图 2–11 所示。试简述垂直度误差的检测方法。

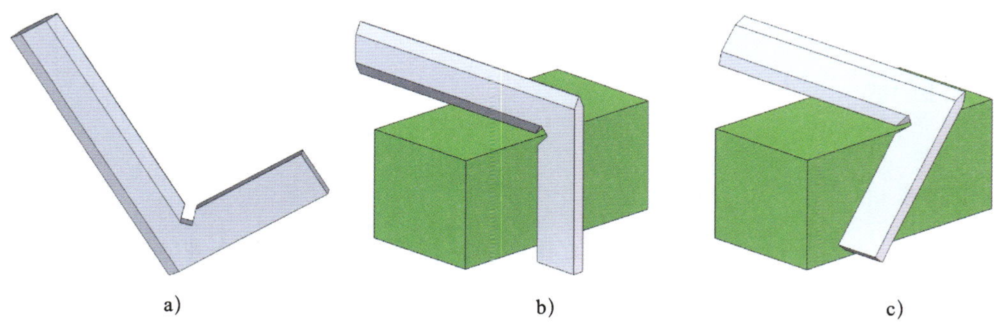

图 2–11　垂直度误差的检测

a）直角尺　b）正确检测方法　c）不正确检测方法

6．检测工件表面粗糙度

钳工常用样块比较法检测工件表面粗糙度。查阅资料并观看表面粗糙度比较样块的使用视频，简述样块比较法的概念及注意事项。

学习活动 3　制作錾口手锤并检验

学习目标

1. 能了解车间和工作区的范围和限制，理解企业在环境、安全、卫生方面的标准。

2. 能检查工作区、设备、工具和材料的状况和功能。

3. 能利用划线、锯削、锉削等操作将圆棒料加工成长方体。

4. 能利用工艺基准保证长方体的几何公差要求。

5. 能正确划出錾口手锤头部和中间圆弧等轮廓加工线。

6. 能根据斜面锯削线完成斜面的锯削。

7. 能正确完成圆弧、斜面等轮廓的锉削加工。

8. 能应用台式钻床完成螺纹底孔钻削加工。

9. 能应用丝锥和铰杠手动完成 M8 螺纹的加工。

10. 能在技术人员的指导下，完成錾口手锤的淬火与回火处理。

11. 能规范使用游标卡尺、千分尺、刀口尺、直角尺、表面粗糙度比较样块等对錾口手锤进行检测，并准确记录测量结果。

12. 能对台虎钳、手锯、锉刀、台式钻床进行维护保养，按现场 6S 管理的要求清理现场。

13. 能在作业过程中严格执行企业操作规范、安全生产制度、环保管理制度以及 6S 管理规定，严格遵守从业人员的职业道德，具有吃苦耐劳、爱岗敬业的工作态度和职业责任感。

14. 能与班组长、工具管理员等相关人员进行有效的沟通与合作。

建议学时：18 学时。

学习过程

一、加工准备

1．熟悉工作环境

了解钳工车间和工作区的范围和限制，了解企业对安全生产事故隐患的预防措施。

2．领取并检查工、量、刃具

领取并检查工、量、刃具的状况及功能，填写工、量、刃具清单（表 2–6）。

表 2–6　工、量、刃具清单

序号	名称	规格	数量	备注
1				
2				
3				
4				
5				
6				
7				
8				
9				
10				
11				
12				
13				
14				
15				
16				
17				
18				
19				
20				

3．领取并检查毛坯料

毛坯为 ϕ30 mm×90 mm 的圆钢（两端面为车削面，无须加工）。

二、加工过程

1．将毛坯锯、锉成长方体

将 ϕ30 mm×90 mm 的圆钢锯、锉成图 2–12 所示长方体。

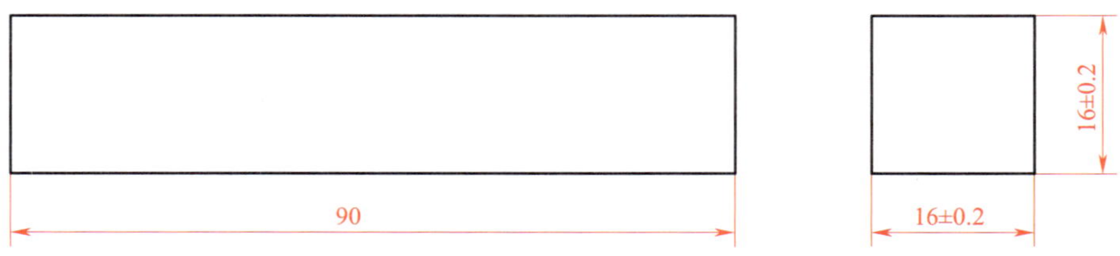

图 2–12　将毛坯料锯、锉成长方体

毛坯尺寸为 ϕ30 mm×90 mm，两端面为车削表面，故只考虑加工四个侧面。四个侧面的加工顺序如图 2–13 所示。图中双点画线表示要加工出的形状。

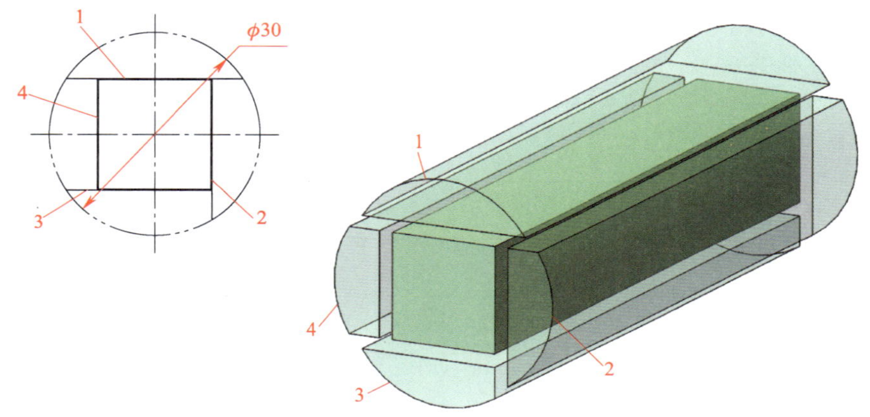

图 2–13　锯、锉加工步骤

每一个面的加工都应按照划线、锯削、锉削的步骤。将加工步骤填入表 2–7 中。

表 2–7　锯、锉长方体加工步骤

步骤	加工内容	图示
1		

续表

步骤	加工内容	图示
2		
3		
4		
5		
6		
7		

2．精锉长方体

按如图 2–14 所示尺寸精锉长方体，将加工步骤填入表 2–8 中。

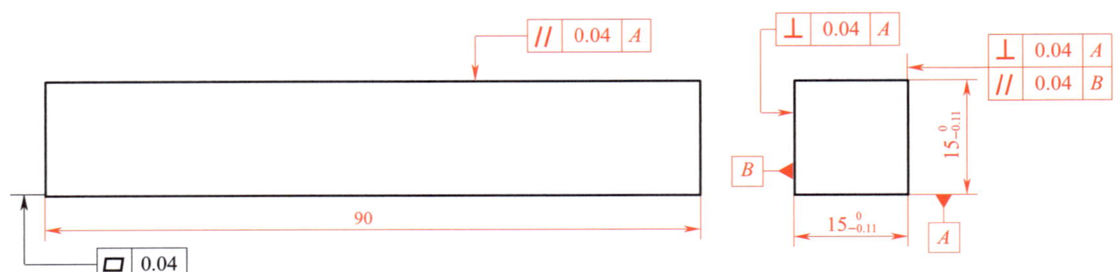

图 2–14　精锉长方体

表 2–8　　精锉长方体步骤

步骤	操作内容	图示
1		平行面 侧面2 侧面1 基准面
2		
3		
4		
5		

提示：装夹时采用软钳口（铜皮或铝皮制成）保护工件的已加工表面。

3．划线

擦去工件表面油污，涂红丹（或蓝油）。用游标高度卡尺、钢直尺、划规、划针，按图 2–15 所示尺寸，划出手锤头部和中间轮廓加工线、手锤底部倒角轮廓线、斜面锯削加工线。观看錾口手锤划线演示动画，将具体划线步骤填入表 2–9 中。

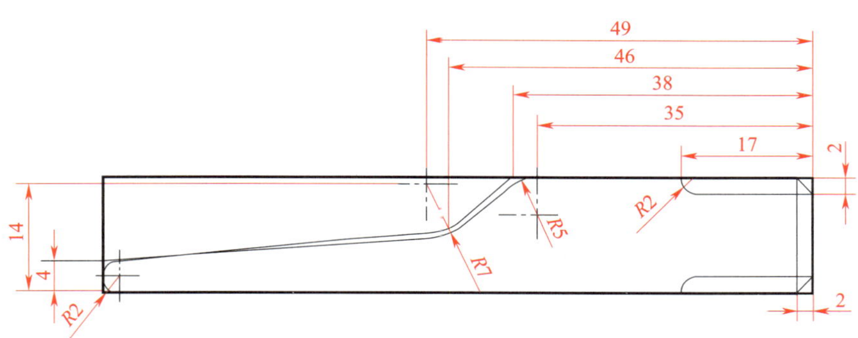

图 2-15　划线示意图

表 2-9　划线步骤

步骤	划线内容	图示
1		
2		
3		
4		
5		

4．锯削斜面

将工件装夹在台虎钳上，按图 2–15 所划锯削线锯削斜面。因为锯削面为斜面，装夹工件时必须将工件倾斜，使锯缝垂直于钳口，锯削后的形状如图 2–16 所示。

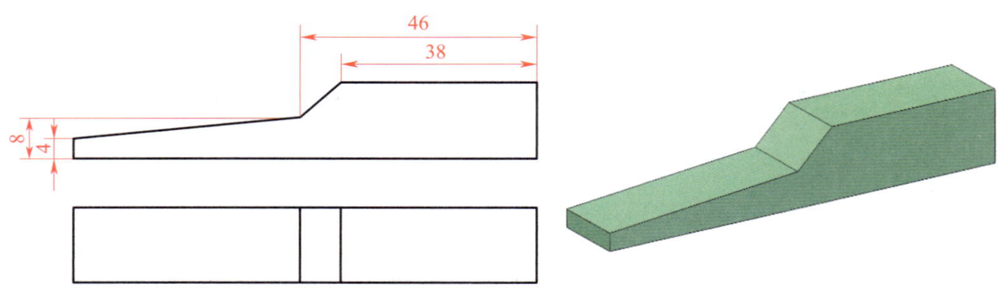

图 2–16　锯削后的工件形状

5．锉削轮廓面并倒角

将工件装夹到台虎钳上，应用平锉、半圆锉和圆锉，锉削錾口手锤上的 *R*2 mm 圆弧面、斜面、*R*7 mm 圆弧面、*R*5 mm 圆弧面、*C*2 mm 倒角和 *R*2 mm 圆弧角，结果如图 2–17 所示。锉削过程中，要不时地用半径样板检测圆弧面，保证圆弧尺寸大小符合图样要求。

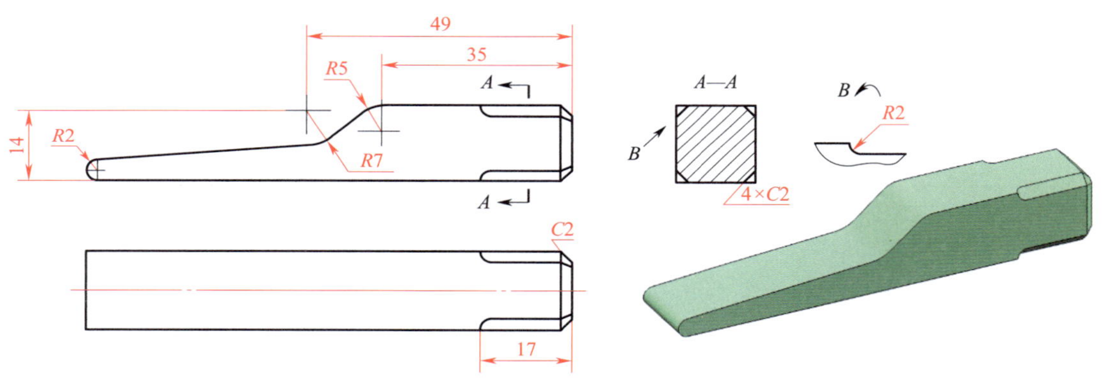

图 2–17　锉削轮廓面并倒角

6．钻螺纹底孔并孔口倒角

擦去工件表面油污，在钻孔处涂红丹（或蓝油），划出螺纹底孔中心及其轮廓线，并用样冲在中心处打样冲眼。用 ϕ6.75 mm 直柄麻花钻钻通孔，并用 ϕ12 mm 麻花钻在两端孔口倒角，结果如图 2–18 所示。将具体加工步骤填入表 2–10 中。

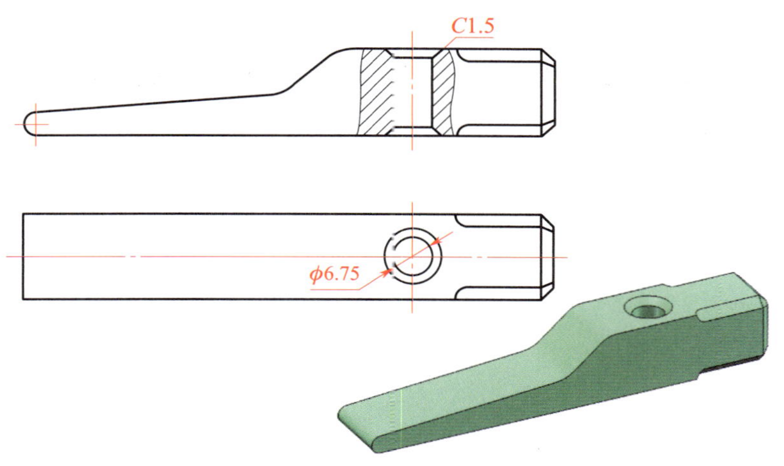

图 2-18　钻螺纹底孔并孔口倒角

表 2-10　钻螺纹底孔、孔口倒角步骤

步骤	操作内容
1	
2	
3	
4	
5	

7．攻螺纹

将工件装夹到台虎钳上，使螺纹底孔中心线处于铅垂位置。用铰杠夹持 M8 丝锥，按操作要领进行攻螺纹。简述攻螺纹具体操作步骤。

8．热处理淬硬

錾口手锤的两端锤击部分，采用淬火加中温回火处理至 50 ~ 55HRC，心部不淬火。錾口手锤热处理的操作步骤见表 2-11。

表 2-11 錾口手锤热处理的操作步骤

步骤	操作内容	备注
1	把錾口手锤放在电阻炉中加热至 800 ~ 840 ℃，保温 15 min	
2	从炉中取出后在冷水中连续掉头淬火，浸入水中深度约 5 mm	待工件呈暗黑色后，全面浸入水中
3	从水中取出后，再加热至 250 ~ 300 ℃，保温一段时间后，在空气中冷却	
4	待工件冷却后，在洛式硬度实验机上进行硬度检测	

提示：

（1）必须由专人负责电阻炉，包括开关炉门、拿放工件、电源控制及加温操作等。

（2）打开炉门时应穿戴较厚的防护服装（特别是要戴防护手套），并应站在炉门的侧面，以避免热灼伤。

（3）拿取工件需用较长的钳子完成。

（4）淬火时将工件轻轻投入水中，以防止被溅起的热水烫伤。

（5）不要急于用手拿待冷却的工件，以防止因工件冷却不彻底而被烫伤。

三、检测

按表 2-12 中项目和技术要求，规范检测錾口手锤加工质量。

表 2–12　　錾口手锤质量检测表

序号	名称	配分	项目和技术要求	评分标准	检测记录	得分
1	主要尺寸（50 分）	2×3	$15_{-0.11}^{\ 0}$mm（2 处）	超差不得分		
2		3	// 0.04 *A*	超差不得分		
3		3	// 0.04 *B*	超差不得分		
4		4	⏥ 0.04	超差不得分		
5		2×3	⊥ 0.04 *A*（2 处）	超差不得分		
6		10	M8	不合格不得分		
7		6	*R*2 mm	超差不得分		
8		6	*R*7 mm	超差不得分		
9		6	*R*5 mm	超差不得分		
10	次要尺寸（25 分）	5	17 mm	超差不得分		
11		5	24 mm	超差不得分		
12		5	35 mm	超差不得分		
13		5	49 mm	超差不得分		
14		5	14 mm	超差不得分		
15	表面粗糙度（10 分）	5×2	*Ra*3.2 μm（5 处）	降级不得分		
16	主观评分（10 分）	3.5	已加工零件倒角、倒圆、倒钝、去毛刺是否符合图样要求			
17		3.5	已加工零件是否有划伤、碰伤和夹伤			
18		3	已加工零件与图样要求的一致性以及其余表面粗糙度			
19	更换添加毛坯（5 分）	5	是否更换添加毛坯		是 / 否	
20	职业素养	扣分	能正确穿戴工作服、工作鞋、安全帽和护目镜等劳动防护用品。每违反一项扣 2 分			
21			能规范使用设备、工具、量具和辅具。每违反一次扣 2 分			
22			能做好设备清洁、保养工作。不清洁、不保养扣 3 分；清洁保养不彻底扣 2 分			
总配分		100			总得分	

四、清理现场、归置物品

完成錾口手锤的制作后，按照 6S 现场管理规范要求，保养工、量具，清理现场，合理归置物品。

学习活动 4　工作总结与评价

学习目标

1. 能自信地展示自己的作品，讲述自己作品的优势和特点。

2. 能倾听别人对自己作品的点评。

3. 能总结工作经验，优化加工策略。

建议学时：4 学时。

学习过程

1．以小组为单位派出代表介绍自己小组的优秀作品，通过作品展示，锻炼每一位小组成员的表达能力，同时提升自己的专业素养。

（1）选出组内评价较高的作品进行展示，并就作品实用性、工艺性和产品质量等内容做必要介绍，听取并记录其他小组对本组作品的评价和改进建议。

1）实用性

2）工艺性

3）产品质量

尺寸精度：

表面粗糙度：

（2）所展示作品中有哪些部位存在尺寸缺陷和表面质量缺陷？简要分析是什么原因导致的，并总结出避免质量缺陷的加工建议。

1）质量缺陷

尺寸缺陷：

表面质量缺陷：

2）试简要分析造成质量缺陷的原因。

3）如果下次接到相似的任务，在加工过程中，应优化哪些加工策略？

2．总结制作錾口手锤的心得体会

（1）通过制作錾口手锤，掌握了哪些钳工工艺知识？

（2）通过制作錾口手锤，掌握了哪些钳工操作技能？

（3）按照本任务给定的加工工艺过程卡的加工顺序进行加工，对保障产品精度和质量有哪些意义？若变更加工顺序会产生怎样的影响？

3．总结加工工序、工时，填写表 2–13 并进行简单成本估算。

表 2–13 成本估算

序号	加工内容	工时	成本测算项目			成本估算值
			设备	能源	辅料	
1						
2						
3						
4						
5						
6						
7						
8						
9						
10						

4．你在估算錾口手锤的成本时，考虑人工费、管理费、税费了吗？如果要计算人工费、管理费、税费，錾口手锤的成本应如何估算？重新估算后，把相关追加的成本因素写下来。

评价与分析

学习任务二评价表

项目	自我评价			小组评价			教师评价		
	10 ~ 9	8 ~ 6	5 ~ 1	10 ~ 9	8 ~ 6	5 ~ 1	10 ~ 9	8 ~ 6	5 ~ 1
	占总评 10%			占总评 30%			占总评 60%		
学习活动 1									
学习活动 2									
学习活动 3									
学习活动 4									
协作精神									
纪律观念									
表达能力									
工作态度									
学习主动性									
任务总体表现									
小计									
总评									

任课教师：　　　　年　　月　　日

任务拓展

制作刀口形直角尺

一、工作情境描述

某企业需要制作 30 件如图 2–19 所示刀口形直角尺，毛坯为 105 mm×75 mm×6 mm 的板料，材料为 45 钢。生产技术部将该项生产任务安排给钳工组，刀口形直角尺表面要求光洁、美观，无毛刺。

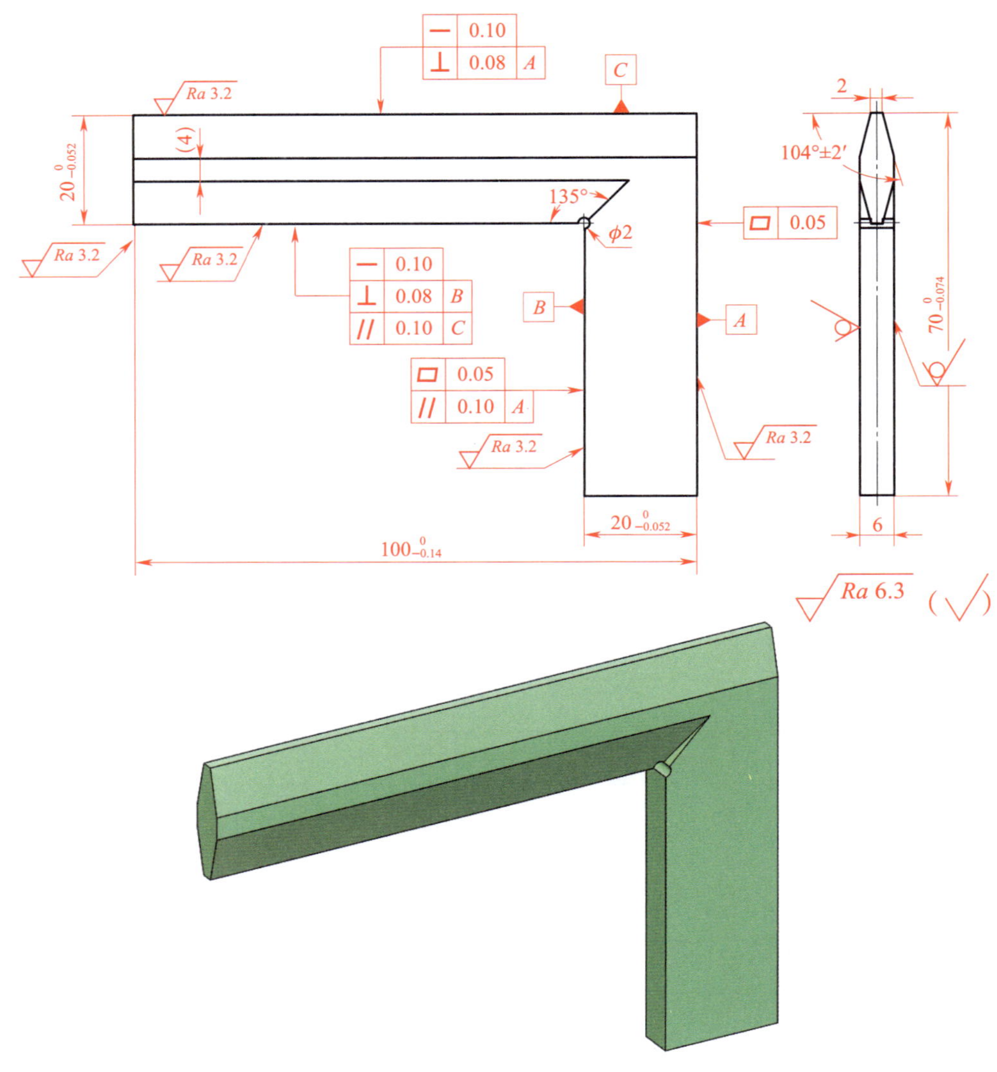

图 2–19　刀口形直角尺

二、评分标准

按表 2–14 中项目和技术要求检测刀口形直角尺尺寸是否合格。

表 2–14　　刀口形直角尺评分标准

<table>
<tr><th>序号</th><th>名称</th><th>配分</th><th>项目和技术要求</th><th>评分标准</th><th>检测记录</th><th>得分</th></tr>
<tr><td>1</td><td rowspan="9">主要尺寸（50 分）</td><td>2×4</td><td>$20_{-0.052}^{0}$ mm（2 处）</td><td>超差不得分</td><td></td><td></td></tr>
<tr><td>2</td><td>4</td><td>$100_{-0.14}^{0}$ mm</td><td>超差不得分</td><td></td><td></td></tr>
<tr><td>3</td><td>3</td><td>$70_{-0.074}^{0}$ mm</td><td>超差不得分</td><td></td><td></td></tr>
<tr><td>4</td><td>2×5</td><td>⏤ 0.10（2 处）</td><td>超差不得分</td><td></td><td></td></tr>
<tr><td>5</td><td>5</td><td>⊥ 0.08 A</td><td>超差不得分</td><td></td><td></td></tr>
<tr><td>6</td><td>4</td><td>// 0.10 A</td><td>超差不得分</td><td></td><td></td></tr>
<tr><td>7</td><td>4</td><td>// 0.10 C</td><td>超差不得分</td><td></td><td></td></tr>
<tr><td>8</td><td>2×4</td><td>▱ 0.05（2 处）</td><td>超差不得分</td><td></td><td></td></tr>
<tr><td>9</td><td>4</td><td>⊥ 0.08 B</td><td>超差不得分</td><td></td><td></td></tr>
<tr><td>10</td><td rowspan="5">次要尺寸（25 分）</td><td>4×3</td><td>104° ±2′（4 处）</td><td>超差不得分</td><td></td><td></td></tr>
<tr><td>11</td><td>2×3</td><td>135°（2 处）</td><td>超差不得分</td><td></td><td></td></tr>
<tr><td>12</td><td>2</td><td>2 mm</td><td>超差不得分</td><td></td><td></td></tr>
<tr><td>13</td><td>3</td><td>4 mm</td><td>超差不得分</td><td></td><td></td></tr>
<tr><td>14</td><td>2</td><td>ϕ2 mm</td><td>超差不得分</td><td></td><td></td></tr>
<tr><td>15</td><td>表面粗糙度（10 分）</td><td>5×2</td><td>Ra3.2 μm（5 处）</td><td>降级不得分</td><td></td><td></td></tr>
<tr><td>16</td><td rowspan="3">主观评分（10 分）</td><td>3.5</td><td colspan="2">已加工零件倒角、倒圆、倒钝、去毛刺是否符合图样要求</td><td></td><td></td></tr>
<tr><td>17</td><td>3.5</td><td colspan="2">已加工零件是否有划伤、碰伤和夹伤</td><td></td><td></td></tr>
<tr><td>18</td><td>3</td><td colspan="2">已加工零件与图样要求的一致性以及其余表面粗糙度</td><td></td><td></td></tr>
<tr><td>19</td><td>更换添加毛坯（5 分）</td><td>5</td><td colspan="2">是否更换添加毛坯</td><td>是 / 否</td><td></td></tr>
<tr><td>20</td><td rowspan="3">职业素养</td><td rowspan="3">扣分</td><td colspan="3">能正确穿戴工作服、工作鞋、安全帽和护目镜等劳动防护用品。每违反一项扣 2 分</td><td></td></tr>
<tr><td>21</td><td colspan="3">能规范使用设备、工具、量具和辅具。每违反一次扣 2 分</td><td></td></tr>
<tr><td>22</td><td colspan="3">能做好设备清洁、保养工作。不清洁、不保养扣 3 分；清洁保养不彻底扣 2 分</td><td></td></tr>
<tr><td colspan="2">总配分</td><td>100</td><td colspan="2"></td><td>总得分</td><td></td></tr>
</table>

世赛知识

钳加工在世赛制造团队挑战赛项目中的应用

制造团队挑战赛项目是指运用机械设计、电路设计、产品制图、电子装配、电路编程、数控加工、普通车床加工、普通铣床加工、钣金折弯、金属焊接等方面的技术技能，使用计算机辅助设计软件完成产品的结构和电路设计，使用数控机床、普通车床、普通铣床、折弯机、焊接设备完成产品零部件的生产加工，通过电子装配、电路编程完成控制部件的制作，通过机械部件的装配、控制电路装配、调试实现机构功能的竞赛项目。

世界技能大赛制造团队挑战赛项目是团队项目，每队由 3 名选手组成。项目采用第三方命题，比赛共设置产品设计、数控加工、综合制造 3 个模块，赛程为 4 天，累计比赛时间限定在 21 小时内。该竞赛项目需要选手具备机械设计、制图、车工、铣工、数控铣工、钣金加工、装配钳工、电工等多种技能。

钳加工是制造团队挑战赛项目中的基本考核技能。图 2–20 所示按钮式计数器为世赛制造团队挑战赛项目比赛试题，在其加工过程中，钳加工技能在金属材料锯削、钣金折弯、装配零件部件、修配、检测、调试等环节都有广泛使用。

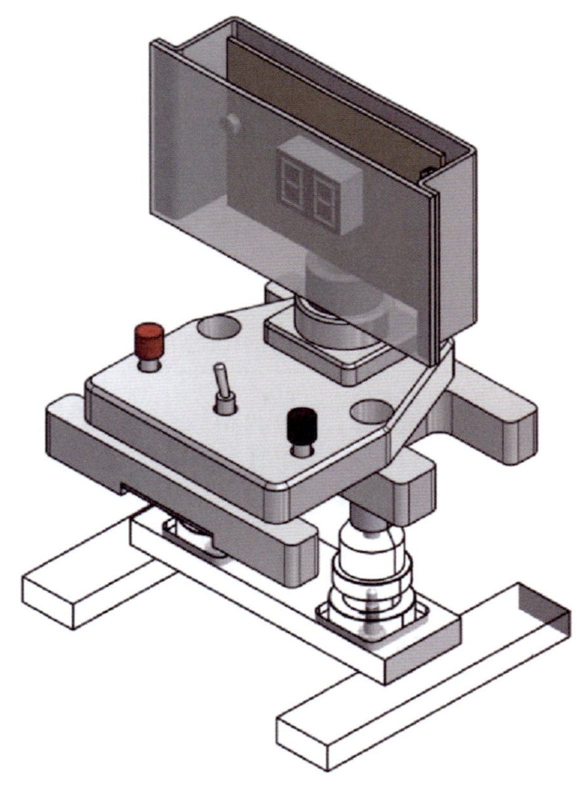

图 2–20　按钮式计数器

学习任务三　对开夹板的制作

学习目标

1. 能在班组长等相关人员指导下，正确阅读生产任务单，读懂对开夹板零件图和装配图，明确生产任务和工作要求。

2. 能以小组合作的方式编制对开夹板的加工工艺。

3. 能展示工艺方案，阐述加工工艺确定的理由与依据。

4. 能充分听取他人意见或建议，完善或改进工艺方案。

5. 能了解砂轮机工作区的范围和限制，理解企业在环境、安全、卫生方面的标准。

6. 能借助技术手册，查阅麻花钻切削角度的参数值，正确完成麻花钻切削部分的刃磨。

7. 能选择合适的检测工具，测量并判断麻花钻切削角度的合理性。

8. 能查阅技术手册，确定沉孔加工前的底孔直径。

9. 能合理调整钻床切削参数，并完成沉孔的加工。

10. 能根据螺栓规格选用丝锥并加工螺纹孔。

11. 能使用游标万能角度尺检测零件角度，并判断角度误差。

12. 能选用合适的工具，并根据装配图要求正确装配对开夹板。

13. 能与班组长等相关人员进行有效的沟通与合作，主动获取有效信息，展示工作成果。

14. 能对台虎钳、手锯、锉刀、台式钻床等进行维护保养，按现场6S管理的要求清理现场。

15. 能总结工作经验，优化加工策略。

16. 能在工作过程中严格执行企业操作规范、安全生产制度、环保管理制度以及6S管理等规定，严格遵守从业人员的职业道德，具有吃苦耐劳、爱岗敬业的工作态度和职业责任感。

建议学时

40学时。

工作情境描述

某公司接到一批零件加工订单，加工过程中需要用对开夹板进行零件装夹。公司将对开夹板的制作任务交给钳工组来完成，要求按图样要求完成 30 副对开夹板的制作，加工对开夹板所需材料由公司提供，加工完成后经检验合格，交付公司使用。观看微课 ，了解学习任务内容。

图 3–1 所示为对开夹板装配图，图 3–2 所示为夹板 A 零件图，图 3–3 所示为夹板 B 零件图。

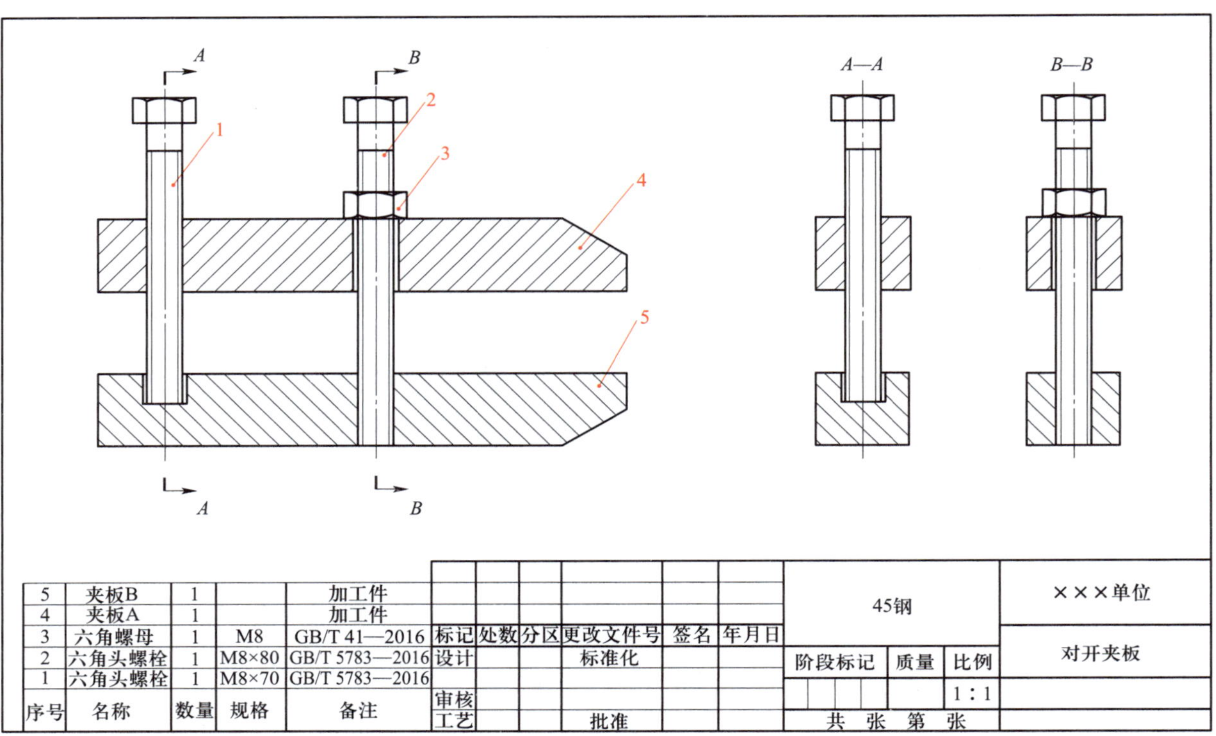

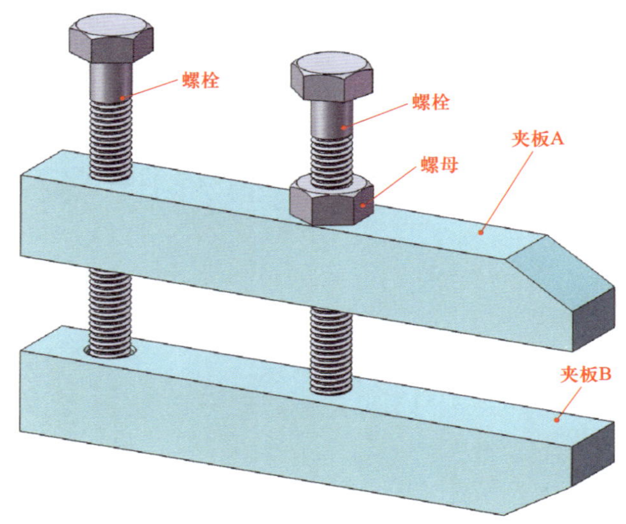

图 3–1　对开夹板装配图

M8
φ9
// 0.06 A
30°
8.5
17
17
15
48
120
□ 0.05
A
技术要求
1. 去除毛刺。
2. 孔口倒角C0.5，螺纹孔口倒角C1。
3. 未注公差尺寸按IT10级精度进行加工。
Ra 3.2
45钢
×××单位
标记 处数 分区 更改文件号 签名 年月日
设计 标准化
阶段标记 质量 比例
夹板A
审核
1 : 1
工艺 批准
共 张 第 张

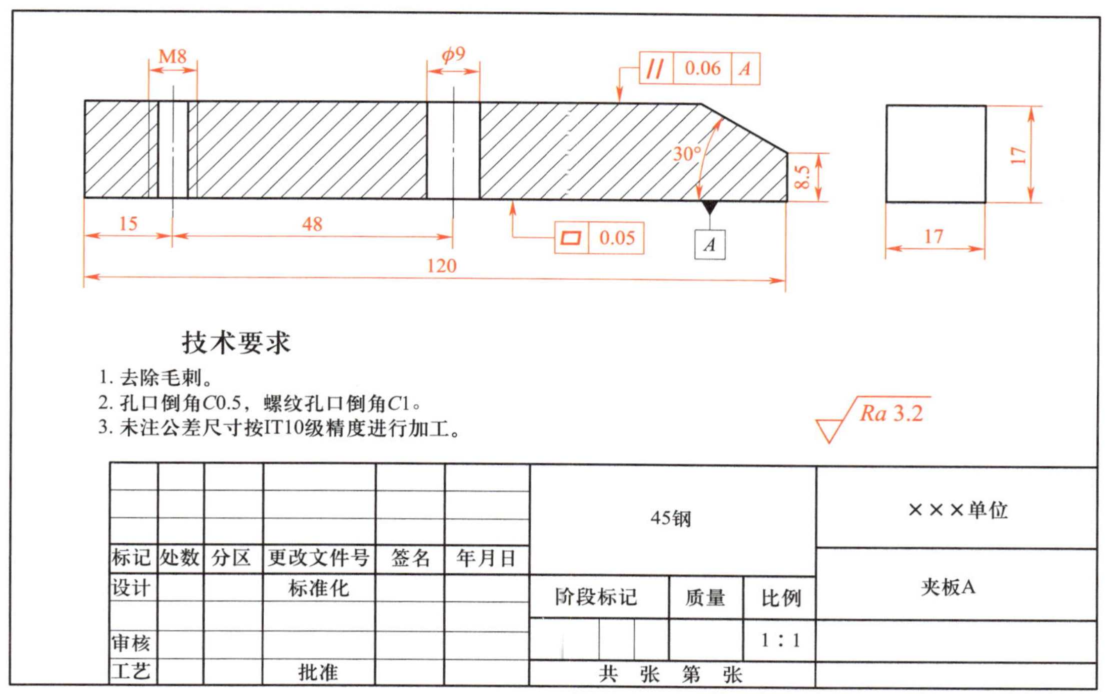

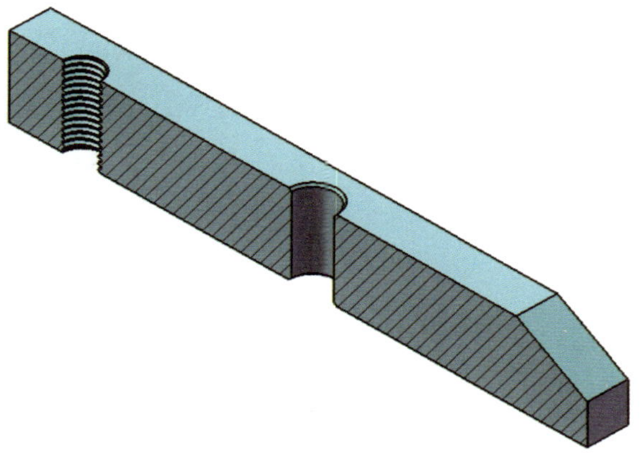

图 3-2　夹板 A 零件图

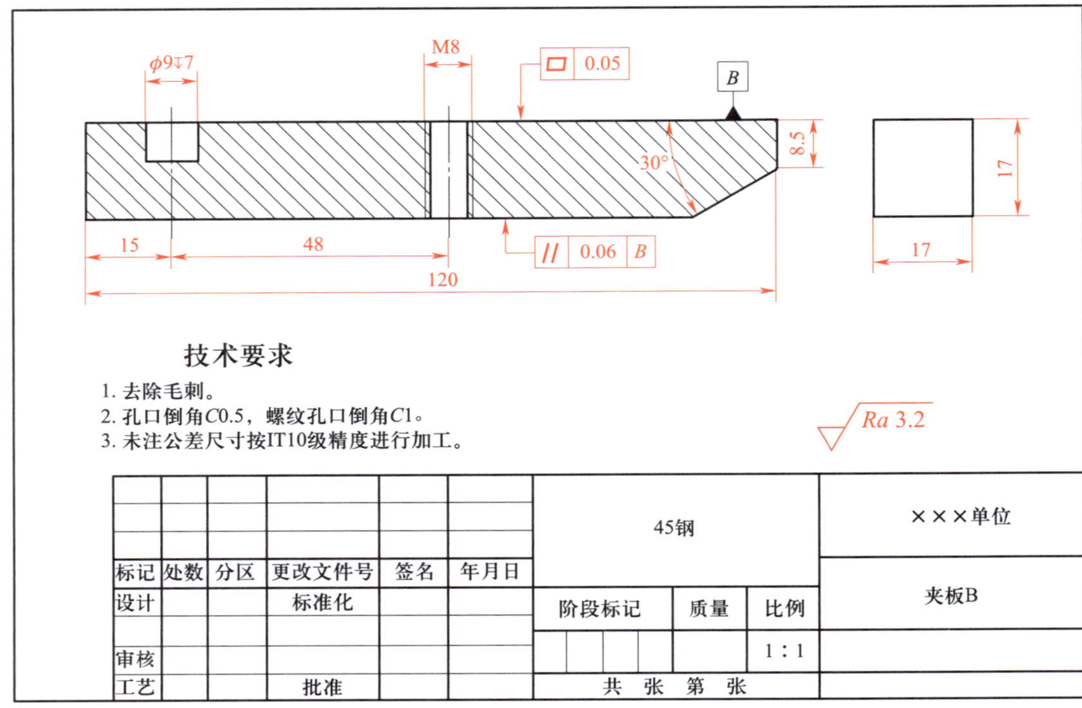

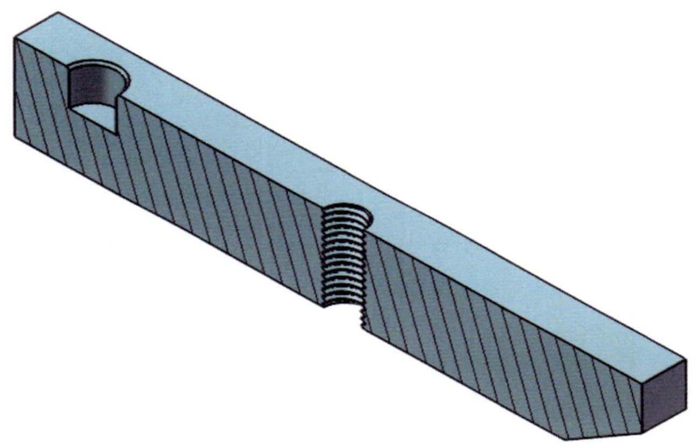

图 3-3　夹板 B 零件图

工作流程与活动

1．接受工作任务（4 学时）

2．确定加工步骤和方法（12 学时）

3．制作对开夹板并检验（20 学时）

4．工作总结与评价（4 学时）

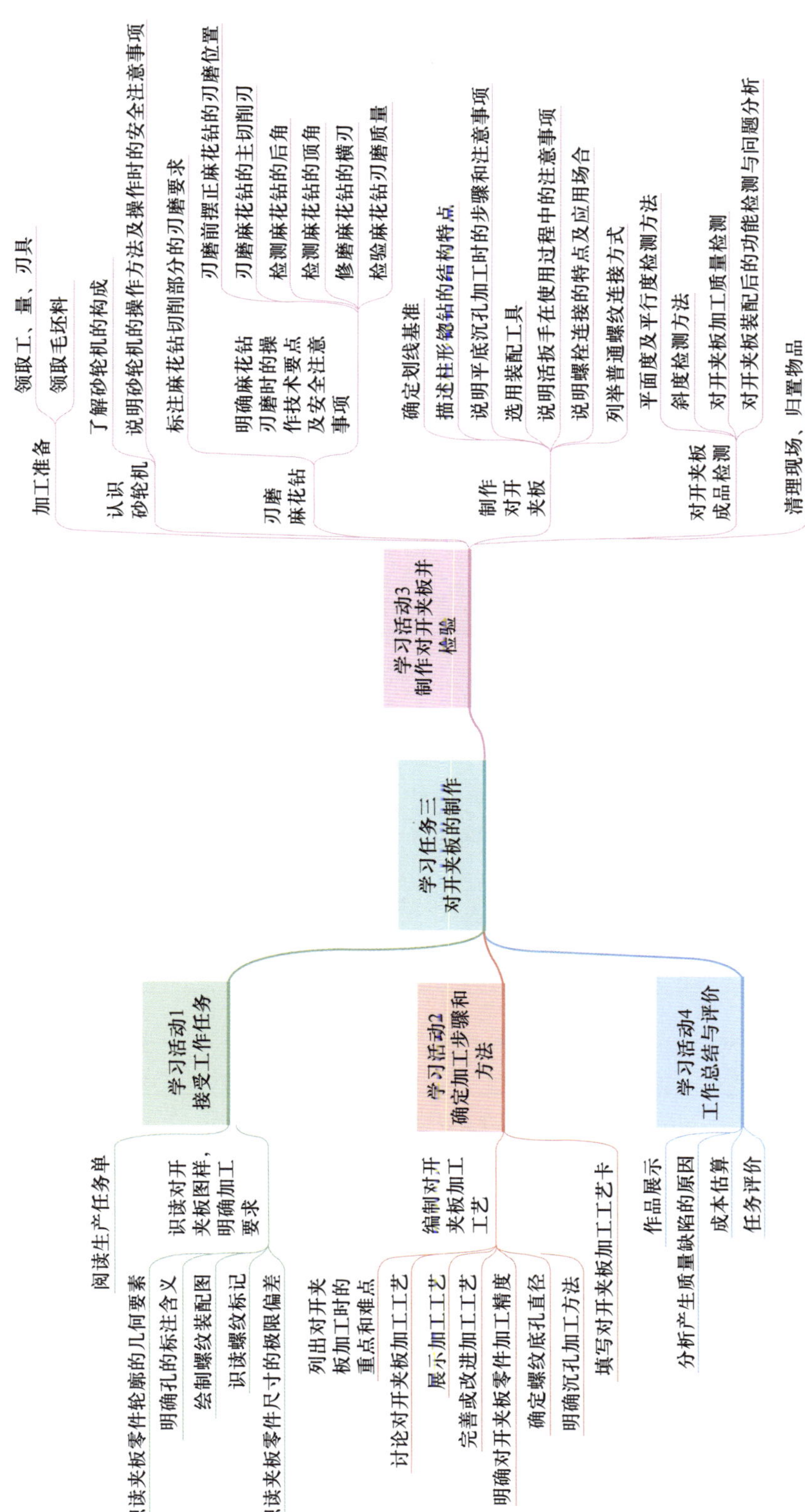
学习任务三
对开夹板的制作
学习活动1
接受工作任务
阅读生产任务单
识读对开夹板图样，明确加工要求
识读夹板零件轮廓的几何要素
明确孔的标注含义
绘制螺纹装配图
识读螺纹标记
识读夹板零件尺寸的极限偏差
学习活动2
确定加工步骤和方法
编制对开夹板加工工艺
列出对开夹板加工时的重点和难点
讨论对开夹板加工工艺
展示加工工艺
完善或改进加工工艺
明确对开夹板零件加工精度
确定螺纹底孔直径
明确沉孔加工方法
填写对开夹板加工工艺卡
学习活动3
制作对开夹板并检验
加工准备
领取工、量、刃具
领取毛坯料
认识砂轮机
了解砂轮机的构成
说明砂轮机的操作方法及操作时的安全注意事项
刃磨麻花钻
标注麻花钻切削部分的刃磨要求
明确麻花钻刃磨时的操作技术要点及安全注意事项
刃磨前摆正麻花钻的刃磨位置
刃磨麻花钻的主切削刃
检测麻花钻的后角
检测麻花钻的顶角
修磨麻花钻的横刃
检验麻花钻刃磨质量
制作对开夹板
确定划线基准
描述柱形锪钻的结构特点
说明平底沉孔加工时的步骤和注意事项
选用装配工具
说明活扳手在使用过程中的注意事项
说明螺栓连接的特点及应用场合
列举普通螺纹连接方式
对开夹板成品检测
平面度及平行度检测方法
斜度检测方法
对开夹板加工质量检测
对开夹板装配后的功能检测与问题分析
清理现场、归置物品
学习活动4
工作总结与评价
作品展示
分析产生质量缺陷的原因
成本估算
任务评价

学习活动1 接受工作任务

学习目标

1. 能在班组长等相关人员指导下，正确阅读生产任务单，明确生产任务和工作要求。

2. 能识读对开夹板零件图和装配图，明确加工要求。

3. 能阐述对开夹板的用途和工作原理。

建议学时：4学时。

学习过程

一、阅读生产任务单（表3–1）

表3–1 对开夹板生产任务单

<table>
<tr><td colspan="3">单　　号：</td><td colspan="3">开单时间：　　年　　月　　日　　时</td></tr>
<tr><td colspan="3">开单部门：</td><td colspan="3">开 单 人：</td></tr>
<tr><td colspan="3">接 单 人：　　　　部　　　　组</td><td colspan="3">签　　名：</td></tr>
<tr><td colspan="6">以下由开单人填写</td></tr>
<tr><td>序号</td><td>产品名称</td><td>材料</td><td colspan="2">数量</td><td>技术标准、质量要求</td></tr>
<tr><td>1</td><td>对开夹板</td><td>45 钢</td><td colspan="2">30</td><td>按图样要求</td></tr>
<tr><td>2</td><td></td><td></td><td colspan="2"></td><td></td></tr>
<tr><td>3</td><td></td><td></td><td colspan="2"></td><td></td></tr>
<tr><td>4</td><td></td><td></td><td colspan="2"></td><td></td></tr>
<tr><td colspan="2">任务细则</td><td colspan="4">1. 到仓库领取相应的材料
2. 根据现场情况选用合适的工、量具和设备
3. 根据加工工艺进行加工，交付检验
4. 填写生产任务单，清理工作场地，完成工、量具和设备的维护保养</td></tr>
<tr><td colspan="2">任务类型</td><td colspan="2">☑ 钳加工</td><td>完成工时</td><td>40 h</td></tr>
</table>

续表

<table>
<tr><td colspan="3">以下由开单人填写</td></tr>
<tr><td>领取材料</td><td></td><td rowspan="2">仓库管理员（签名）

年　月　日</td></tr>
<tr><td>领取工量具</td><td></td></tr>
<tr><td>完成质量
（小组评价）</td><td></td><td>班组长（签名）

年　月　日</td></tr>
<tr><td>用户意见
（教师评价）</td><td></td><td>用户（签名）

年　月　日</td></tr>
<tr><td>改进措施
（反馈改良）</td><td colspan="2"></td></tr>
</table>

注：生产任务单与零件图样、工艺过程卡一起领取。

1．在班组长等相关人员指导下，阅读生产任务单，将零件名称、制作材料、零件数量和完成时间填入表 3–2 中。

表 3–2　　生产任务

零件名称		制作材料	
零件数量		完成时间	

2．查阅相关资料，明确对开夹板的用途，并阐述对开夹板的工作过程。

二、识读对开夹板图样，明确加工要求

1．构成夹板 A 与夹板 B 零件轮廓的几何要素各有哪些?

2．查阅技术手册，说明下列有关孔的标注含义及使用时的作用，并填写在表 3–3 中。

表 3–3　孔的标注含义及使用时的作用

标注类型图示	含义及作用
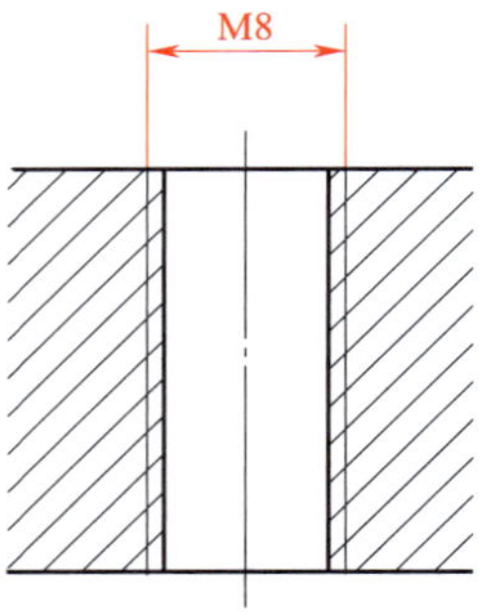 M8	含义：
	作用：
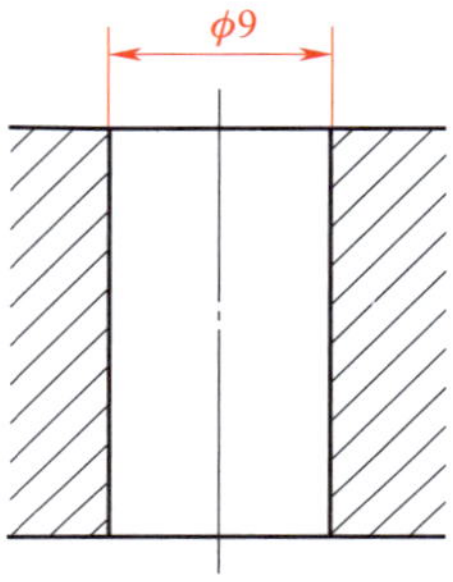 ϕ9	含义：
	作用：
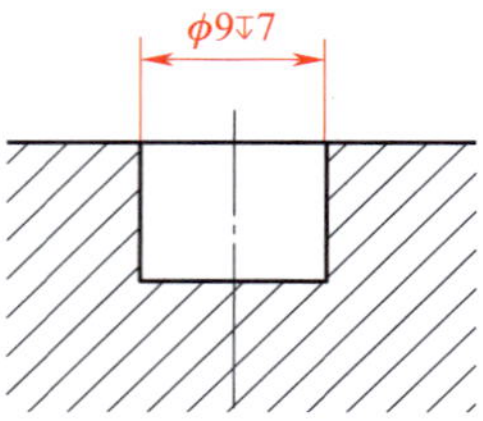 ϕ9↧7	含义：
	作用：

3．分析对开夹板装配图可知，夹板 A 与夹板 B 是通过螺纹孔与螺栓进行螺纹配合，从而起到连接、紧固作用的。查阅相关资料，在图 3–4 中绘制螺纹装配图，并结合生活、生产中所见举例说明螺纹连接的应用场合。

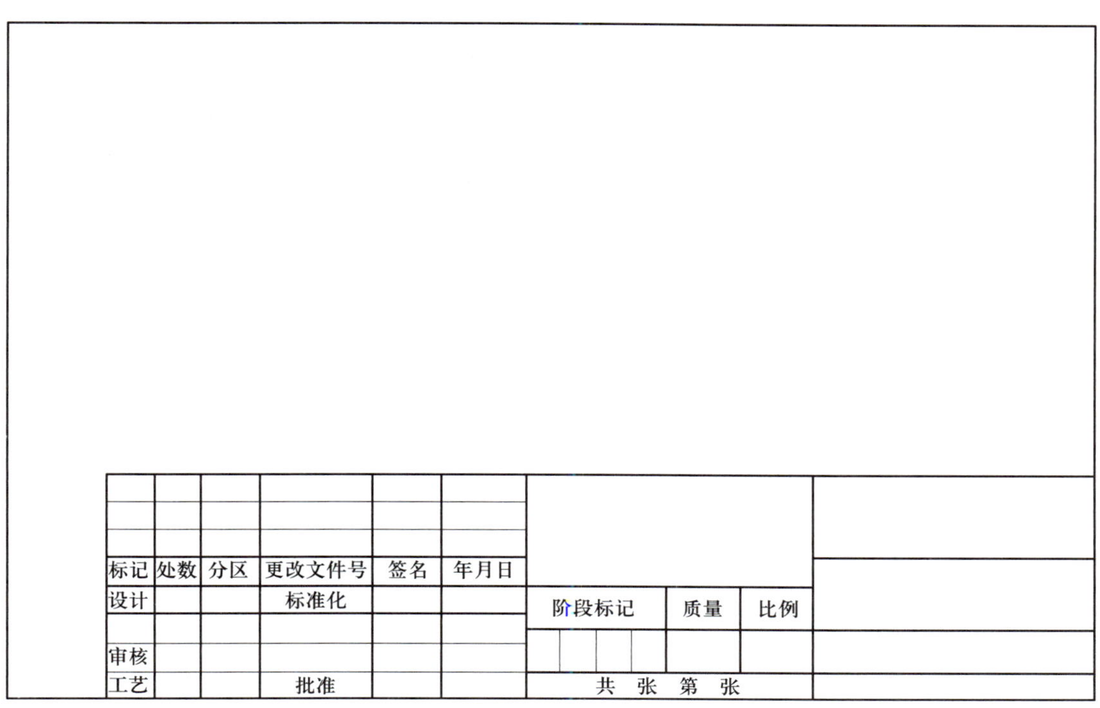

图 3–4　绘制螺纹装配图

4．螺纹的种类规格很多，为了区分不同的螺纹，国家标准中规定了螺纹的标记方法。查阅技术手册，根据给定的螺纹要素标记螺纹。

（1）普通螺纹，公称直径为 24 mm，右旋螺纹，中径公差带代号为 5g，顶径公差带代号为 6g，中等旋合长度。

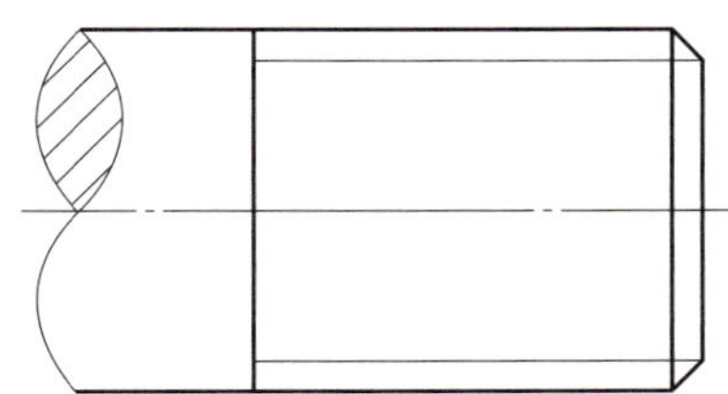

（2）普通螺纹，公称直径为 26 mm，螺距为 1.5 mm，左旋螺纹，中径、顶径公差带代号为 6h，旋合长度为 40 mm。

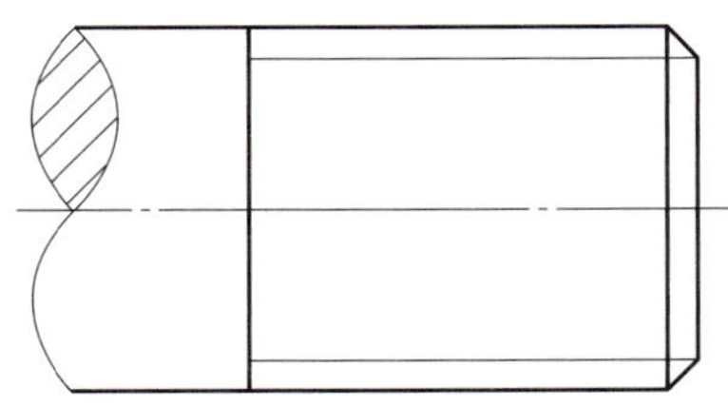

5．夹板 A 与夹板 B 零件图中并未直接注明零件各尺寸的极限偏差，但在技术要求中说明“未注公差尺寸按 IT10 级精度进行加工”。查阅技术手册，在表 3–4 中填写夹板 A 与夹板 B 各加工尺寸的极限偏差范围。

表 3-4　　夹板 A 与夹板 B 各加工尺寸的极限偏差范围

序号	尺寸	极限偏差范围

学习活动 2　确定加工步骤和方法

学习目标

1. 能通过小组合作，编制对开夹板加工工艺方案。
2. 能展示工艺方案，阐述加工工艺确定的理由与依据。
3. 能充分听取他人意见或建议，完善或改进工艺方案。
4. 能正确填写对开夹板加工工艺过程卡。

建议学时：12 学时。

学习过程

一、分小组编制对开夹板加工工艺

1．对开夹板是生产中常会用到的一种简单夹具。以小组为单位进行讨论，列出对开夹板加工时的重点和难点。

2．从高效、节能、环保等角度出发，分组讨论对开夹板的加工工艺，并做好内容记录。

3．展示本小组编写的加工工艺，并从高效、节能、环保等角度阐述加工工艺确定的理由与依据（编写展示方案提纲及展示说明稿）。

4．在听取他人的意见或建议后，结合其他小组的加工工艺方案，你认为你们的加工工艺方案是否需要进行完善或改进？如需完善或改进，列出需要进行完善和改进的地方。

5．根据对开夹板的功能及使用方法，你认为对开夹板在加工时最应保证哪些要素的加工精度？试阐述理由。

6．根据图样要求，查阅技术手册，确定 M8 螺纹孔加工时的底孔直径，并确定所需选用的刀具种类及规格。

7．查阅技术手册，试确定 $\phi 9$ mm 沉孔的加工方法，并进行记录（建议配上加工简图）。

二、填写对开夹板加工工艺过程卡（表 3–5）

表 3–5　对开夹板加工工艺过程卡

机械加工工艺过程卡	产品型号		零（部）件图号			
	产品名称		零（部）件名称	对开夹板	共　页	第　页

材料牌号		毛坯种类		毛坯外形尺寸		每件毛坯可制件数		每台件数		备注	

工序号	工序名称	工序内容	车间	工段	设备	工艺装备	工时	
							单件	最终

										设计（日期）	审核（日期）	标准化（日期）	会签（日期）
标记	处数	更改文件号	签字	日期	标记	处数	更改文件号	签字	日期				

学习活动 3　制作对开夹板并检验

学习目标

1. 能检查工作区、设备、工具、材料的状况和功能。

2. 能根据图样要求对工件进行正确划线。

3. 能了解砂轮机工作区的范围和限制，理解企业对环境、安全、卫生和事故预防的标准。

4. 能借助技术手册，查阅麻花钻切削角度的参数值，正确完成麻花钻切削部分的刃磨。

5. 能选择合适的检测工具，测量并判断麻花钻切削角度的合理性。

6. 能查阅技术手册，确定沉孔加工前的底孔直径。

7. 能合理调整钻床切削参数，并完成沉孔的加工。

8. 能根据螺栓规格选用丝锥并加工螺纹孔。

9. 能使用游标万能角度尺检测零件角度，并判断角度误差。

10. 能根据加工工艺卡，完成对开夹板各零件的加工。

11. 能选用合适的量具检测对开夹板各零件的加工质量，并能依据检测结果对产生的质量问题进行分析。

12. 能选用合适的工具，并根据装配图要求正确装配对开夹板。

13. 能在作业过程中严格执行企业操作规范、安全生产制度、环保管理制度以及 6S 管理规定，严格遵守从业人员的职业道德，具有吃苦耐劳、爱岗敬业的工作态度和职业责任感。

14. 能与班组长、工具管理员等相关人员进行有效的沟通与合作。

建议学时：20 学时。

学习过程

一、加工准备

1．领取工、量、刃具

领取并检查工、量、刃具的状况及功能，填写工、量、刃具清单（表 3–6）。

表 3–6　　工、量、刃具清单

序号	名称	规格	数量	备注
1				
2				
3				
4				
5				
6				
7				
8				
9				
10				
11				
12				
13				
14				
15				
16				
17				
18				
19				
20				

2．领取毛坯料

根据图样要求，确定制作对开夹板所需的加工坯料、标准件等耗材，并在表 3–7 中填写耗材名称、规格、数量等信息。

表 3-7　　耗材领用单

序号	耗材名称	规格	数量	备注

领用人：　　批准人：　　管理员：

领用时间：　年　月　日　批准时间：　年　月　日　出库时间：　年　月　日

二、认识砂轮机

1．砂轮机是刃磨刀具用的重要设备，查阅相关技术资料，填写完成表 3-8 内容。

表 3-8　　砂轮机

序号	图示	问题
1		砂轮机的组成： 1——　________ 2——　________ 3——　________ 4——　________ 5——　________

续表

序号	图示	问题
2		常用的砂轮种类有：________________

2．砂轮工作时处于高速旋转状态，一旦造成砂轮碎裂或在刃磨操作过程中产生失误，都将会造成严重的后果。因此，在操作砂轮机时，除了要掌握熟练的操作技能外，还需要做好必要的安全防护措施。查阅资料，说明砂轮机的操作方法及操作时的安全注意事项。

三、刃磨麻花钻

1．刃磨麻花钻是钳工必须掌握的技能之一。麻花钻在使用一段时间后会产生磨损，造成刃口钝化，这就需要对麻花钻的切削部分按一定的技术要求进行刃磨。查阅资料，在图 3–5 中标注麻花钻切削部分的刃磨要求。

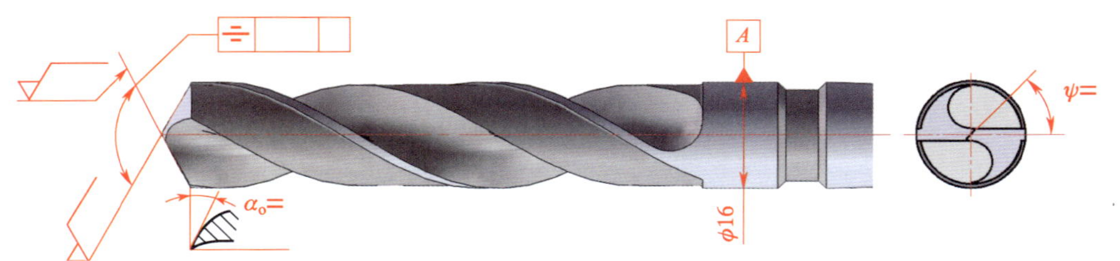

图 3–5　麻花钻切削部分的刃磨要求

2．麻花钻的正确刃磨，对提高钻削质量、生产效率、钻头的寿命有着非常显著的影响。阅读知识链接，并观看麻花钻刃磨操作视频和麻花钻顶角检测演示动画，在表 3–9 中填写麻花钻刃磨时的操作技术要点及安全注意事项。

表 3-9　　麻花钻刃磨时的操作技术要点及安全注意事项

工艺内容	图示	操作技术要点	安全注意事项
1. 刃磨前摆正麻花钻的刃磨位置			
2. 刃磨麻花钻的主切削刃			
3. 检测麻花钻的后角	刃磨正确　刃磨错误		
4. 检测麻花钻的顶角			

续表

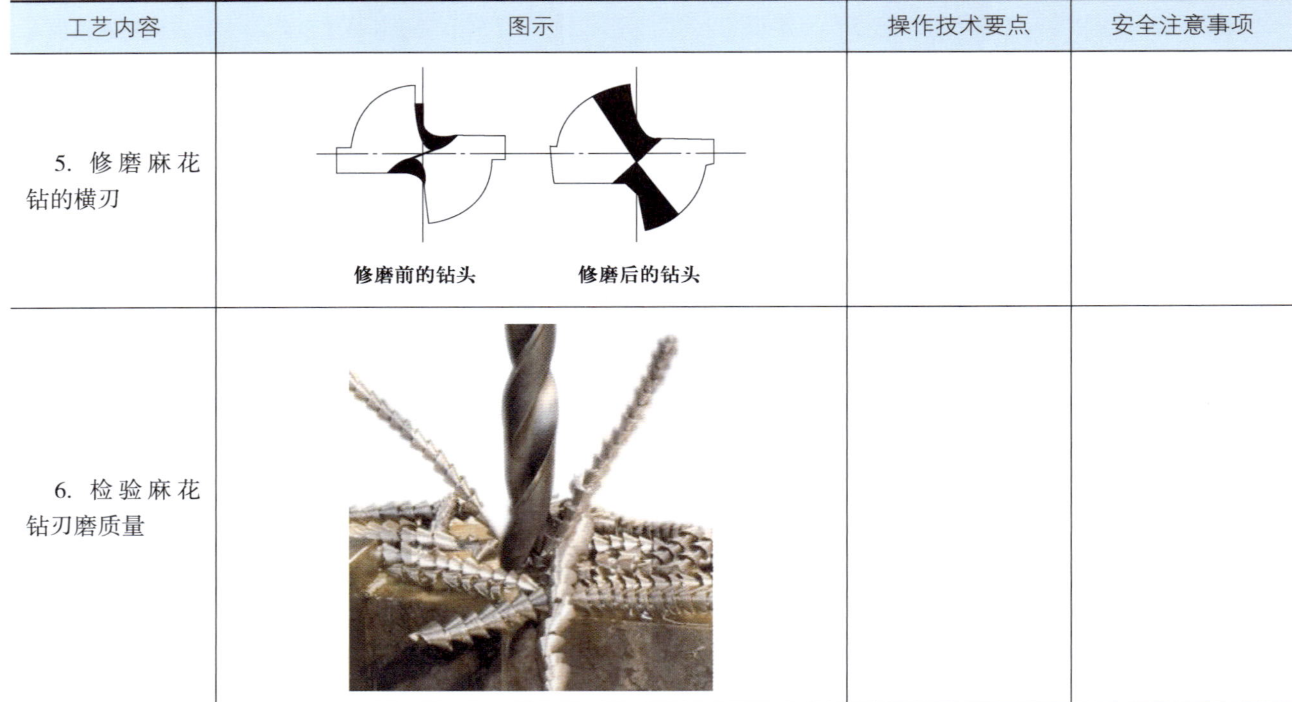

工艺内容	图示	操作技术要点	安全注意事项
5. 修磨麻花钻的横刃	修磨前的钻头　修磨后的钻头		
6. 检验麻花钻刃磨质量			

四、制作对开夹板

1．加工对开夹板时，你是如何确定划线基准的？确定划线基准的理由是什么？

2．平底沉孔加工时需要用到柱形锪钻。结合图 3-6，描述柱形锪钻的结构特点。

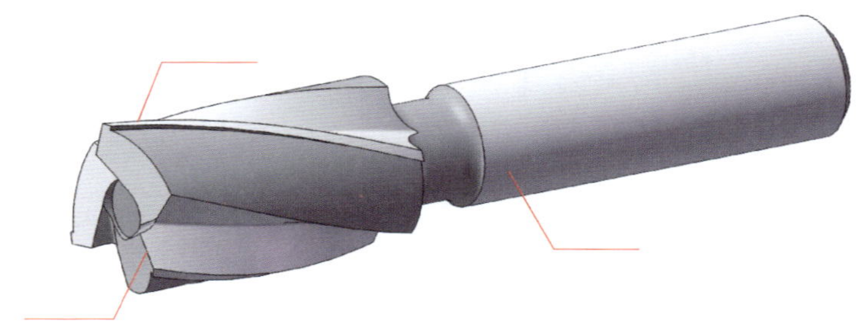

图 3-6　柱形锪钻的结构

3．查阅技术手册，说明平底沉孔加工时的步骤和注意事项。

4．对开夹板在装配时，用到了六角螺栓和六角螺母。针对这些标准件的装配，你知道应选用哪些装配工具吗？结合图 3–7，判断哪些工具可以用来装配对开夹板，并说明理由。

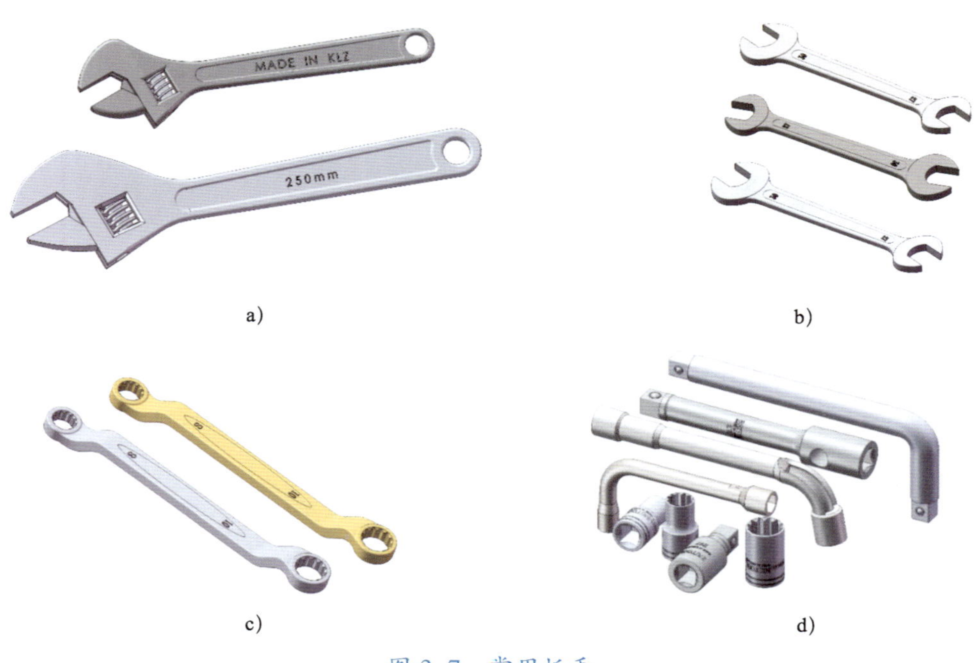

图 3–7　常用扳手

a）活扳手　b）呆扳手　c）整体扳手　d）套筒扳手

5．活扳手的钳口由固定钳口和活动钳口组成，如图 3–8 所示。观看活扳手的结构与工作原理演示动画，说明活扳手在使用过程中的注意事项。

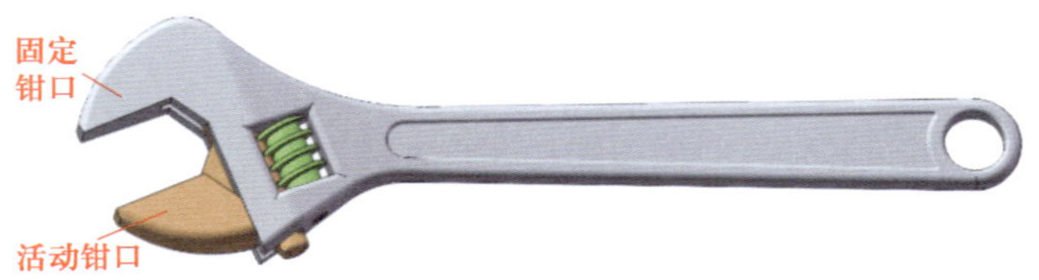

图 3–8　活扳手

6．对开夹板中的螺纹连接属于普通螺纹连接中的螺栓连接，如图 3–9 所示。观看螺栓连接演示动画，说明这种螺纹连接方式的特点及应用场合。

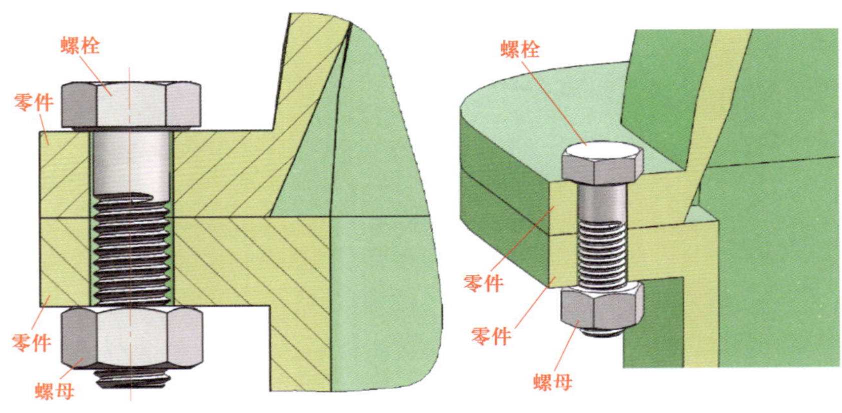

图 3–9　螺栓连接

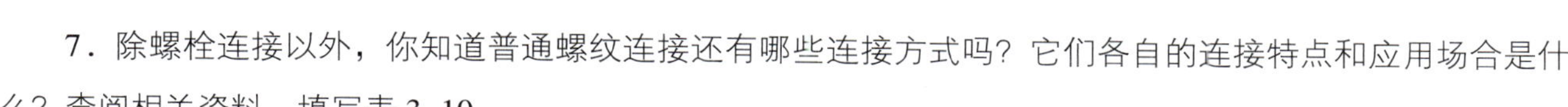

7．除螺栓连接以外，你知道普通螺纹连接还有哪些连接方式吗？它们各自的连接特点和应用场合是什么？查阅相关资料，填写表 3-10。

表 3-10　　普通螺纹连接

序号	示例简图	连接特点	应用场合

五、对开夹板成品检测

1. 由零件图可知，夹板 A 和夹板 B 在加工时，都对个别加工表面提出了平面度、平行度的要求。在加工过程中，你选用了哪些量具？测量时有哪些注意事项？

2. 夹板 A 和夹板 B 的 30° 斜面在加工过程中，需选用何种量具进行检测？测量时的注意事项有哪些？

3．按表 3–11 中项目和技术要求，规范检测对开夹板加工质量。

表 3–11　　对开夹板检测表

序号	名称	配分	项目和技术要求	评分标准	检测记录	得分
1	主要尺寸（49 分）	2×5	M8（2 处）	不合格不得分		
2		5	ϕ9 mm 通孔	超差不得分		
3		4	ϕ9 mm 沉孔	超差不得分		
4		2×4	15 mm（2 处）	超差不得分		
5		2×5	48 mm（2 处）	超差不得分		
6		2×3	[▱ 0.05]（2 处）	超差不得分		
7		3	[// 0.06 *A*]	超差不得分		
8		3	[// 0.06 *B*]	超差不得分		
9	次要尺寸（30 分）	2×3	8.5 mm（2 处）	超差不得分		
10		2×3	120 mm（2 处）	超差不得分		
11		4×3	17 mm（4 处）	超差不得分		
12		2×3	30°（2 处）	超差不得分		
13	表面粗糙度（8 分）	8	*Ra*3.2 μm	每处不合格扣 1 分，扣完为止		
14	主观评分（8 分）	3	已加工零件倒角、倒圆、倒钝、去毛刺是否符合图样要求			
15		3	已加工零件是否有划伤、碰伤和夹伤			
16		2	已加工零件与图样要求的一致性以及其余表面粗糙度			
17	更换添加毛坯（5 分）	5	是否更换添加毛坯		是 / 否	
18	职业素养	扣分	能正确穿戴工作服、工作鞋、安全帽和护目镜等劳动防护用品。每违反一项扣 2 分			
19			能规范使用设备、工具、量具和辅具。每违反一次扣 2 分			
20			能做好设备清洁、保养工作。不清洁、不保养扣 3 分；清洁保养不彻底扣 2 分			
总配分		100			总得分	

六、清理现场、归置物品

完成对开夹板的制作后，按照 6S 现场管理规范要求，保养工、量具，清理现场，合理归置物品。

学习活动 4　工作总结与评价

学习目标

1. 能自信地展示自己的作品，讲述自己作品的优势和特点。

2. 能倾听别人对自己作品的点评。

3. 能总结工作经验，优化加工策略。

建议学时：4 学时。

学习过程

1．以小组为单位派出代表介绍自己小组的优秀作品，通过作品展示，锻炼每一位小组成员的表达能力，同时提升自己的专业素养。

（1）选出组内评价较高的作品进行展示，并就作品实用性、工艺性和产品质量等内容做必要介绍，听取并记录其他小组对本组作品的评价和改进建议。

1）实用性

2）工艺性

3）产品质量

尺寸精度：

表面粗糙度：

（2）所展示作品中有哪些部位存在尺寸缺陷和表面质量缺陷？简要分析是什么原因导致的，并总结出避免质量缺陷的加工建议。

1）质量缺陷

尺寸缺陷：

表面质量缺陷：

2）试简要分析造成质量缺陷的原因。

3）如果下次接到相似的任务，在加工过程中，应优化哪些加工策略？

2．总结制作对开夹板的心得体会

（1）通过制作对开夹板，掌握了哪些钳工工艺知识？

（2）通过制作对开夹板，掌握了哪些钳工操作技能？

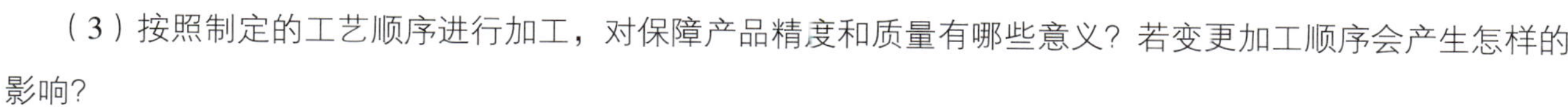

（3）按照制定的工艺顺序进行加工，对保障产品精度和质量有哪些意义？若变更加工顺序会产生怎样的影响？

3．总结加工工序、工时，填入表 3–12 并进行简单成本估算。

表 3–12　　成本估算

序号	加工内容	工时	成本测算项目			成本估算值
			设备	能源	辅料	
1						
2						
3						
4						
5						
6						
7						
8						
9						
10						

4．你在估算对开夹板的成本时，考虑人工费、管理费、税费了吗？如果要计算人工费、管理费、税费，对开夹板的成本应如何估算？重新估算后，把相关追加的成本因素写下来。

评价与分析

学习任务三评价表

项目	自我评价			小组评价			教师评价		
	10 ~ 9	8 ~ 6	5 ~ 1	10 ~ 9	8 ~ 6	5 ~ 1	10 ~ 9	8 ~ 6	5 ~ 1
	占总评 10%			占总评 30%			占总评 60%		
学习活动 1									
学习活动 2									
学习活动 3									
学习活动 4									
协作精神									
纪律观念									
表达能力									
工作态度									
学习主动性									
任务总体表现									
小计									
总评									

任课教师：　　　　年　　月　　日

任务拓展

制作燕尾镶配件

一、工作情境描述

某企业需要制作 30 件如图 3-10 所示燕尾镶配件，毛坯为 72 mm×45 mm×10 mm 两块板料，材料为 45 钢。生产技术部将该项生产任务安排给钳工组，工件表面要求光洁、美观，无毛刺。

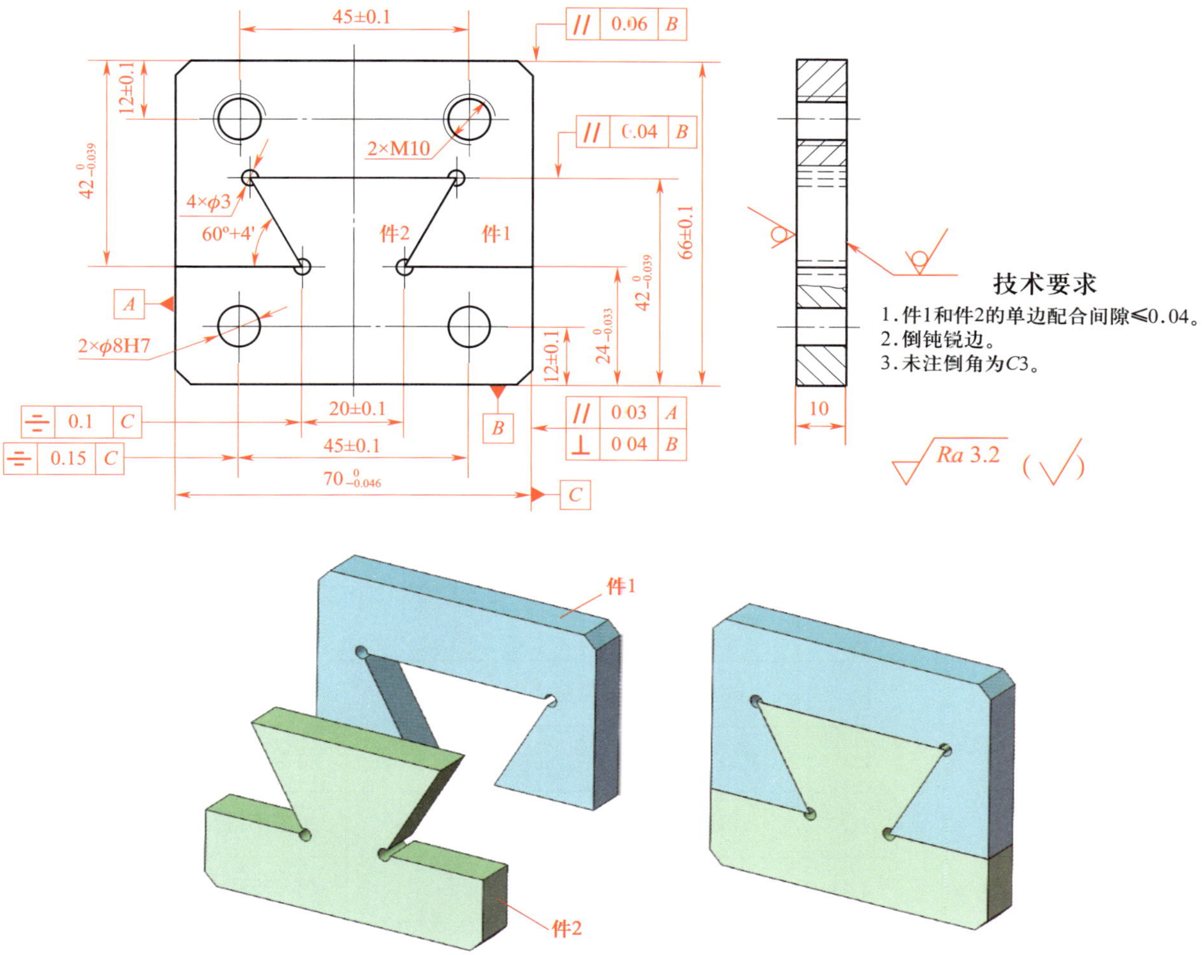

技术要求

1. 件1和件2的单边配合间隙≤0.04。
2. 倒钝锐边。
3. 未注倒角为$C3$。

图 3-10　燕尾镶配件

二、评分标准

按表 3-13 中项目和技术要求检测燕尾镶配件是否合格。

表 3–13　　燕尾镶配件评分标准

序号	名称	配分	项目和技术要求	评分标准	检测记录	得分
1	主要尺寸（59 分）	4×2	（12±0.1）mm（4 处）	超差不得分		
2		4×3	$42_{-0.039}^{0}$ mm（4 处）	超差不得分		
3		2×3	$70_{-0.046}^{0}$ mm（2 处）	超差不得分		
4		4×2	60°±4′（4 处）	超差不得分		
5		3	$24_{-0.033}^{0}$ mm	超差不得分		
6		2	（20±0.1）mm	超差不得分		
7		2	（66±0.1）mm	超差不得分		
8		6	配合间隙≤0.04 mm	超差不得分		
9		2	∥ 0.06 *B*	超差不得分		
10		2	∥ 0.04 *B*	超差不得分		
11		2	∥ 0.03 *A*	超差不得分		
12		2	⊥ 0.04 *B*	超差不得分		
13		2	⌯ 0.15 *C*	超差不得分		
14		2	⌯ 0.1 *C*	超差不得分		
15	次要尺寸（16 分）	2×2	（45±0.1）mm（2 处）	超差不得分		
16		2×2	M10（2 处）	超差不得分		
17		2×2	ϕ8H7（2 处）	超差不得分		
18		4×1	ϕ3 mm（4 处）	超差不得分		
19	表面粗糙度（10 分）	10	*Ra*3.2 μm（16 处）	每处不合格扣 1 分，扣完为止		
20	主观评分（10 分）	5	已加工零件倒角、倒圆、倒钝、去毛刺是否符合图样要求			
21		3	已加工零件是否有划伤、碰伤和夹伤			
22		2	已加工零件与图样要求的一致性以及其余表面粗糙度			

续表

序号	名称	配分	项目和技术要求	评分标准	检测记录	得分
23	更换添加毛坯（5 分）	5	是否更换添加毛坯		是 / 否	
24	职业素养	扣分	能正确穿戴工作服、工作鞋、安全帽和护目镜等劳动防护用品。每违反一项扣 2 分			
25			能规范使用设备、工具、量具和辅具。每违反一次扣 2 分			
26			能做好设备清洁、保养工作。不清洁、不保养扣 3 分；清洁保养不彻底扣 2 分			
总配分		100		总得分		

世赛知识

钳加工在世赛综合机械与自动化项目中的应用

综合机械与自动化项目是指运用机械加工、机械装调、液压与气动、电气安装、PLC 与自动化控制等方面的技术技能，使用普通车床、普通铣床等设备完成自动化装置中零部件的生产加工及机械装配，再通过电气安装、气动控制和 PLC 编程与调试实现机械装置的自动化控制的竞赛项目。

世界技能大赛综合机械与自动化项目采用第三方命题，赛前不公布竞赛试题、材料规格等，比赛共设置铣削加工、车削加工、电气安装及编程、机械装调与自动化演示 4 个模块，赛程为 4 天，累计比赛时间为 22 小时。该竞赛项目需要选手具备车工、铣工、装配钳工、电工 4 个工种的技能。

该项目要求选手能熟练掌握常用手工量具的操作技能并掌握机械装配调试相关的操作技能。如图 3–11 所示综合电气控制设备为世赛综合机械与自动化项目比赛试题，该项目对选手的装配钳工技能有较高要求。选手要在规定时间内按照图样要求装配零部件完成一套机械装置，确保各零部件之间的精度要求。完成机械装置与电气控制装置的装配，进行调试并实现综合电气设备的功能。

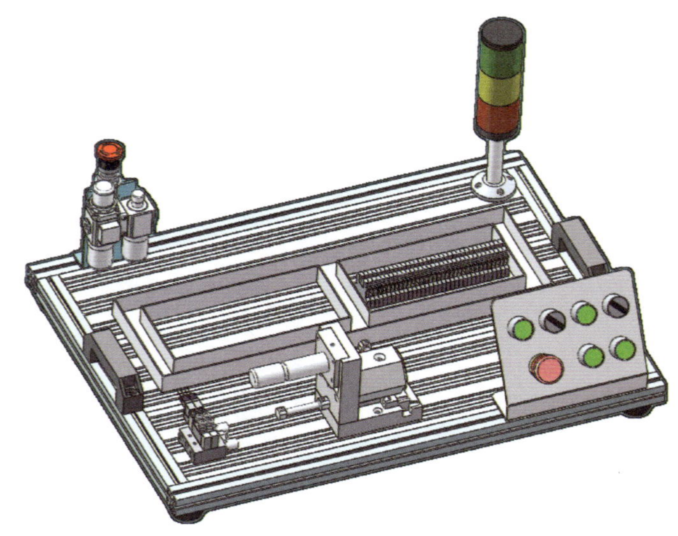

图 3–11　综合电气控制设备